ソフトウェアテスト
講義ノオト

ASTERセミナー標準テキストを読み解く

秋山浩一 著

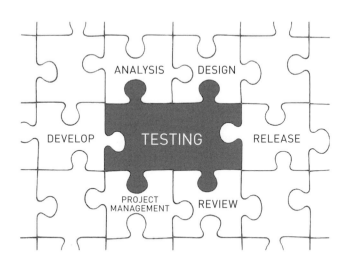

日科技連

まえがき

　NPO法人ソフトウェアテスト技術振興協会（以下 ASTER と略す）は、2018年に「ASTER セミナー標準テキスト」（以下テキストと略す）を PowerPoint 形式で無償公開しました（http://aster.or.jp/business/seminar_text.html）。

　このテキストは、著作権は ASTER がもつものの、営利・非営利、公開・非公開を問わず、勉強会やセミナーでの使用が目的であれば複製・改変が可能となっています。また、テキストのバージョンが V2.1 から V3.1 に上がったときに、「JSTQB FL シラバス」（以下シラバスと略す）と章立てが同じになり、これまで以上にテキストとシラバスの対応がわかりやすくなりました。

　筆者は ASTER で教育事業を担当している関係で、テキストの作成と改訂を行いました。また、ASTER が実施しているテストセミナーの講師の一人ということもあって、何度もこのテキストを使ってセミナーを行いました。

　ところで、同じテキストを使っても講師によって異なるセミナーになります。それは、同じ楽譜でも奏者によって異なる演奏になるようなものです。

　「『標準』と言うからには PowerPoint のノートのところに『標準的に』説明すべきことを書いたほうが良いのでは？」というご意見もいただきました。しかし、PowerPoint のノートに書くと、それを読み上げる人が現れるのではないかと心配になり、PowerPoint のノートへ講義内容を記載することは避けたいと思いました。

　しかしながら、ご意見のとおり、セミナーでは、「何を伝えるか」が大切です。そこで、PowerPoint のノートではなく、インターネットサービス「note」に毎週少しずつ自分がセミナーで話していることを書くことを思いつきました。note ならスペースの制約なしにたくさん書けます。たくさん書けば、講師は単純にそれを読み上げるわけにはいかなくなります。

note の連載は 2 年以上続き、100 回を超えました。分量が多く、セミナー講師に講義する内容を考えてもらうという当初の目的は達成したのですが、テストの初級者が参照して学ぶには、note の連載は、あまりにもボリュームがあり、要点がぼやけたものとなってしまいました。

　そこで、note はそのまま残しておきつつ、note を整理してテスト初級者でも要点がつかめる書籍をつくることにしました。

　note を残す理由は、例えば、「デシジョンテーブル note」など、知りたいことに note を付けて Google などでトピックスを検索することができるからです。

本書の読み方・使い方

　本書は、どこから読んでいただいてもかまいません。テキストを使用して、勉強会を開くときには、その日勉強する範囲について本書を読んで予習しておくと良いでしょう。また、JSTQB FL の試験対策になるかは微妙ですが、JSTQB FL シラバスの第 1 章から第 4 章の意図については網羅していると思いますので、初めから終わりまで通して読むのも良いでしょう。不明な用語や

曖昧に記憶している用語があれば、JSTQB の用語集を参照してください。

　　https://glossary.istqb.org/jp/search

　また、用語集として PDF 出力する方法は、以下のサイトにある「用語集サイトのユーザーマニュアル」を参照してください。

　　https://jstqb.jp/syllabus.html#glossary_download

　本文中にテキストの参照ページを 📖 のアイコンとともに表示しましたので適宜ご活用ください。また、URL のところは QR コードを載せてあります。

　本書は、要点を摑んでもらうことが目的ですから、周辺の知識については割愛しました。広くテストの知識を身に付けたい場合は、本書の後に、note を読んでみることをお勧めします。note には、本書に収まり切らなかったテスト管理の話題や、CFD 法や統計をテーマとした連載もあります。

2022 年 8 月

秋　山　浩　一

★ ★ ★ ★ ★

ソフトウェアテスト講義ノオト
目次

第1章
テストの基礎

本章では、「ASTER セミナー標準テキスト」の 5〜47 ページについて解説していきます。ここでは、「テストと品質の関係」や「テストの 7 原則」といったテストの基礎について説明します。

1.1 テストとは何か？

1.1.1 テストとは何か？

p.7

（1）なぜテストをするのか

2002 年の NIST のレポートで、「ソフトウェアの欠陥」によって無駄なお金が消えているということが世界的に広く認識されました。そのポイントは、「ソフトウェアの欠陥が年間 595 億ドル（7 兆〜8 兆円）の損害を米国に与えている」というものです。

企業においても、遠回りに見えて、まずは「テストの必要性」を「損害額」で認識することが戦略として有効だと思います。

具体的には、品質に対して、教育やツール購入などのコスト（P：予防コスト）と、テスト自体にかかるコスト（A：評価コスト）と、バグが与えた損失、

1

すなわち、バグ修正による開発やテストの手戻りにかかったコスト(F：失敗コスト)を調べる「PAF法」の導入が有効な手段となります。まずは、年度ごとに、品質コストが変化した理由を説明できるようになりましょう。たまには、経営者になったつもりで、テストにいくら予算を付けられるかを考えてみるのも面白いかもしれません。

pp.8-10

1.1.2 テストとは？

「テストとは何か？」について、偉大な2人の先人の言葉を始めに紹介します。テストの定義は時代や使用する技術によって変わり、同じ時代であってもコンテクスト(文脈)によって変わると筆者は考えています。ただし、変わるとは言っても、先人たちが考えたことを踏まえて議論を重ねて、「より良い方向に変わっていく」ことが大切です。

(1) ダイクストラの示唆

ダイクストラ(Edsger Wybe Dijkstra)は、「テストでプログラム中の欠陥の存在は示せても、欠陥が存在しないということは示しえない。」と示唆しました。ところで、「プログラム中に欠陥が存在しないということは示せない」としても、「テストを実施することで、その商品やサービスが使われなくなるまで、バグがユーザー先で見つかることはない」という命題なら果たせそうな気がします。

「使われなくなるまで」は曖昧なので、例えば「(リリース後)3年間は」と言い換えたらグッと実現する気がしませんか？

(2) マイヤーズのテストの定義

マイヤーズ(Glenford James Myers)は「テストとは、エラーを見つけるつもりでプログラムを実行する過程である。」と定義しました。マイヤーズがテストのコツを「エラーを見つけるつもりで実行する」と述べているところが筆者は好きですし、「本当にそうだなぁ」と思います。

「この辺に、まだ、バグが潜んでいるはずだ」と信じて、それを見つけるつもりでテストをするのと、ただ漠然とテスト手順書に書かれたとおりに操作しているのとでは、見つかるバグの数や質が全然違うと思うからです。テスト担当者は操作するだけのオペレーターではなく、テストをするテスターになりましょう。

(3) SWEBOK（ソフトウェア工学知識体系）の定義

SWEBOK（2004）の定義では「期待される振る舞いを提示するための動的検証」となっていることに注意してください。振る舞いなので、構造のテストではありませんし、動的検証なのでレビューは含みません。

(4) バイザーの定義

バイザー（Boris Beizer）はテストの目的を「品質保証を支援すること」と位置づけて、支援方法は「品質情報を収集し、フィードバックすること」と述べています。「品質情報」については、「テストでは工学的に定量化したメトリクスである」ようにと、指導しています。テストはもはや"Art"ではなく、再現可能な"Engineering"というわけです。

筆者は一時期、バイザーの定義で良いと思っていました。しかし、今では、「判断」することもテストの役割にしたほうが良いのではないかと思い直しています。なぜならば、テスト分析を行って「テスト条件（何をテストするか）」をテスト担当者が決めるということは、その段階でテストしないと決めている条件があるからです。

(5) JSTQB用語集の定義

JSTQBの定義が言いたいことは、「全フェーズの全成果物に対する『評価』のための活動すべてがテスト」ということです。

「テスト」のような基本的な用語は多数の概念を含みますので、スッキリと定義することは難しいのかもしれません。

　なお、筆者はテストを「『どんな人間でも間違えてしまうことがある』こと
を事実として認め、そのことを前提とした上で、『開発成果物が利用者に与え
る価値の最大化』と『開発成果物を作るコストの最少化』という2つの狙いを
良いバランスで達成するための活動をテストという」と説明しています。いか
がでしょうか？

p.11

1.1.3　テストの目的の拡大

（1）テキストの図が意味すること

　図1.1を見ると、水面に波紋が広がるように、もしくは、樹木が成長し樹形
が大きくなるように、つまり、「変化や成長」をイメージするものになってい
ます。ここでは、「機能充足→目的達成→価値提供」と、「品質～Quality～
QOL（Quality of Life)へ」について分けて見ていきます。

出典）「ASTERセミナー標準テキスト」、p.11

図1.1　テストの目的の拡大

(2) 機能充足→目的達成→価値提供

こちらの軸を、図中の文と対応づけるならば次のようになると思います。

- 機能充足：機能が仕様どおり問題なく動くこと。
- 目的達成：システムが目的を達成し、顧客が満足していること。
- 価値提供：システムが他の要素と連携し、ライフスタイルやビジネススタイルを変革しているか把握すること。

機能充足のテストが検証（Verification）、目的達成のテストが妥当性確認（Validation）に対応します。

(3) 品質〜Quality〜QOL（Quality of Life）へ

「品質」と「Quality」は同じものでは？　という疑問が生じると思います。

- 品質：商品やサービスの質
- Quality：環境や人間を視野に含めた出来栄え
- QOL：幸福をもたらす価値や魅力

なのかもしれません。

1.1.4　JSTQBによるテストの目的

(1)「テストの目的」の増加

シラバスにおいて、「テストの目的」は2012年度版では4個でしたが、2018年度版になって9個（この後の(3)項で挙げます）に増えています。筆者は、あれもこれもではなく、最小限にしてほしい、「一つですべての行動するときの指針となるもの」を目的にしてもらえないかなと思います。

(2) 全体を俯瞰

別の見方となりますが、ブレイクダウンしておくほうが、テストの現場では抜け漏れが生じにくく使いやすいのも確かです。抽象度の高い3項目よりも具体的になった9項目のほうが参考にできる情報が増えているという考え方です。

例えば、9番目の項目に「契約上、法律上、または規制上の要件や標準を遵

守する」とあります。これを「暗黙の要件を調べ遵守する」と抽象的に書くことも可能です。しかし、「暗黙の要件」について、具体化するためのサンプル（契約上、法律上、または規制上の要件や標準）が書いてあるほうが実用的という見方です。

　それでは、以下で、一項目ずつ見ていきます。

(3) テストの目的

①　作業成果物を評価する。

「評価」とは何でしょう？　一つ目のテストの目的を書き直します。

「要件、ユーザーストーリー、設計、およびコードなどの作業成果物の価値を定める。」

　価値とは「ある目的に対しての有用さの度合い」といった意味ですから、「ソフトウェア開発に関する作業成果物のそれぞれについて『その目的を達成できていること』を確認する」となります。作業成果物は最終成果物だけではありません。したがって、中間成果物に対してもテスト（およびレビュー）して評価します。

②　要件を検証する。

　1番目が「評価」だったのに対して、こちらは「検証」です。2番目のテスト目的を簡単にいえば、「つくると決めたとおりにできたことの証拠を残す」ということです。

③　完成したものに対して妥当性を確認する。

　1番目が「評価」、2番目が「検証」、そして、3番目は「妥当性確認」です。3番目のテスト目的を簡単にいえば、「ユーザーの『要求』に応えられるソフトウェアが完成したことの証拠を示す」ということです。

④ **品質が所定のレベルにあることを確証する。**

上記の①～③は、「評価」、「検証」、「妥当性確認」をした結果として得た情報（証跡＝エビデンス）を積み重ねることを意味しています。

それを受けて「所定のレベルにあることを確証する。」につながっています。つまり、ここでは「評価・検証・妥当性確認を経て得たエビデンスをもとにして品質の確証を得る」といっています。この目的は、主にテストケースが合格（pass）したときの活動が創出する価値になります。

よく見ると、この①～③は、④の手段ということがわかります。実用上は「テストの目的の第一は品質を確認すること」と理解していれば十分です。

⑤ **欠陥の作り込みを防ぐ。**

「欠陥の作り込みを防ぐ」という「テストの目的」を理解するためには、「1. 時間軸を拡げる」と「2. プロセスの連鎖を考える」という2つの知的な作業が必要です。一番わかりやすい例は、次のとおりです。

「テストで見つけたバグ（正確には故障や欠陥）」の作り込み要因を分析して、分析結果を開発者にフィードバックすることによって次回以降、同じバグ（＝欠陥）を開発者がつくらないようになる。」

テスト結果を活用して欠陥の作り込みを防いでいます。

⑥ **故障や欠陥を発見する。**

テストを初めて行うときに「バグを見つけたら教えて」と言われたのではないかと思います。

誰でも「ソフトウェアの欠陥を直して品質を向上する」ことをしたいと思っています。そして、直すために直すべきもの（＝欠陥）を知りたいと思います。欠陥を知るためには、次の2つの方法があります。

- 動的テスト：動かしてみておかしな点（＝故障）を見つける。
- 静的テスト：静的解析ツールやレビューの実施で欠陥を直接見つける。

いずれにしても、テストの直接の目的は「故障や欠陥を発見する」ためです。

⑦ 意思決定のための情報を示す。

テキストにある「ステークホルダー」は利害関係者(物理的利害と心理的利害がある)のことです。テストのステークホルダーなら、ユーザー、株主、経営者、開発者、営業、取引先、自部門長、従業員などです。次に「意思決定」です。意思決定はステークホルダーごとに異なります。ステークホルダーに示す情報は、上記の④と⑥です。

9つある「JSTQB によるテストの目的」の中核になる 4 つについて整理すると、次のとおりです。

    ④　品質が所定のレベルにあることを確証する。

     （主に、①＋②＋③の pass 結果を活用し、品質を確認する）

    ⑤　欠陥の作り込みを防ぐ。

     （長期的で広範囲な視点でテストを活用し、開発力を向上する）

    ⑥　故障や欠陥を発見する。

     （①＋②＋③の fail 結果を活用し、プロダクトリスクを減らす）

    ⑦　意思決定のための情報を示す。

     （④＋⑥をまとめ、意思決定を支援する）

このように、9 項目を構造的に捉えると理解しやすくなると思います。

⑧ リグレッションを防ぐ。

テキストにある「以前に検出されなかった故障」というのは、「動的テストしたときに、発生しなかったバグ」のことです。また、「運用環境で発生する……略……リスクレベルを低減」ですが、「リリース後にユーザー先で不具合が発生することを防ぐ」ということで、短く言い換えれば「デグレを防ぐ」です。

デグレ(リグレッション)が発生していないことを確認するテストを回帰テス

ト（リグレッションテスト）と呼びます。そのため、このテストの目的の文は、リグレッションテストを実施する理由と見ることもできます。

> ⑨ 暗黙の要件を順守していることを検証する。

要件やそれを具体化した仕様にはつくるものの詳細が書かれます。ところが逆につくらないもの（開発者がコントロールできないもの）については「暗黙の要件（暗黙の仕様）」として、書かれないことがよくあります。

テスト担当者としては、仕様書になくても、それらについてテストします。

1.1.5 デバッグとテスト

p.14

「デバッグとテストは、全然違うものだろう。シラバスを読んでも当たり前すぎて、どこが学習のポイントなのかわからない」という人が大勢います。

デバッグとテストの違いを理解するには、背景を知る必要があります。

(1) 大昔の話

ソフトウェアが生まれたころは、プログラム開発の一部として、つくったものを完成させることを目的として動かす、いわゆる「動作確認」という行為があっただけで、「テストをする」という意識はなかったのだそうです。

コーディングが終わった後しばらくは、動かしては、バグを取ることが必要でした。これを de・bug（＝バグを、取り除く）といいます。英語では「バラなどの植物についた害虫を除く」ことも debug といいます。

(2) テストの話

はじめのうちは、動作確認とバグ修正で上手くいっていたのですが、プログラムが大きくなると問題が生じてきました。「自分のコードはデバッグできるけど、他人のコードはデバッグできない」とか「ユーザーのことまで考えていられない」という問題です。

そこで、ソフトウェア開発という仕事から、「動かして不具合を見つける活

動」を切り出して、テストが生まれました。プロセスとして切り出されることで、「テスト」の技術的専門性についても議論が進むようになりました。

　現在では、「プログラムを評価すること」をテストと呼び、テストが fail した情報（バグ票）を開発が受けて、「原因を調べて欠陥を直すこと」をデバッグと呼ぶようになりました。

1.2　テストの必要性

p.16

1.2.1　テストの必要性（ソフトウェア開発を取り巻く状況）

（1）テストは本当に必要か？

　「テストは本当に必要か？　狙うべきはテストが不要となる世界ではないのか？」という問いは多くのテストエンジニアを悩ませてきました。

　「必要悪」という言葉があります。「テスト」に置き換えてみると、「テストというものは、なくてすめば、それに越したことはない。しかし、悪意をもったプログラマーやうっかりミスへの警戒という点からいっても、実際上、どうしてもテストは必要である。それは、いうなれば必要悪である」となりますが、これは本当でしょうか。

　必要と必要悪の違いは、「必要＝なくてはならない」か、「必要悪＝なくてすめば、それに越したことはない」という部分にあります。

　筆者は、「必要悪」ではなく「必要」と思っています。この議論は、ゼロ・イチではなく無段階の中間状態があり、唯一の正解があるわけではありません。

（2）ソフトウェア開発を取り巻く状況

　図 1.2 の枠内の文の先頭に「なぜ」、末尾に「のか？」を付て疑問文にすると、難しい問いかけに変わります。

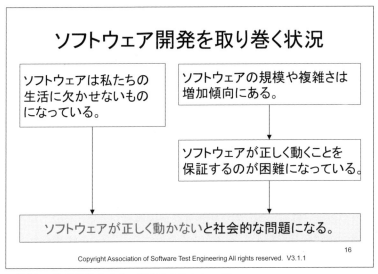

16

出典）　「ASTER セミナー標準テキスト」、p.16

図1.2　ソフトウェア開発を取り巻く状況

---

① なぜ、ソフトウェアは私たちの生活に欠かせないものになっているのか？

「生活に直接関係ないところで使われていたソフトウェアがどんどん広がってきた」と解釈すると良いと思います。「広がってきた」理由の一つは「製品原価を上げずに新しい機能（価値）をユーザーに提供できるから」だと思います。例えば、テスラという電気自動車は購入後にソフトウェアをアップデートすることで、新しい機能が使えるようになっています。

② なぜ、ソフトウェアの規模や複雑さは増加傾向にあるのか？

「規模が大きくなる」点については、ソフトウェアが増えるからです。「複雑さが増加する」点については、大規模化だけでは説明がつきません。例えば、庭にある池よりも、小学校にあるプールのほうが大きいですが、複雑かと言わ

11

れるとプールのほうがシンプルでしょう。

　ソフトウェアの場合、大規模になると複雑度も増します。それも規模に比例するどころか指数関数的に増す要因が 2 つあります。一つは、「凝集度と結合度」の話です。多くの場合、一つのモジュールに関連するプログラムコードをギュッとまとめ（これを「凝集度が高い」状態といいます）、他のモジュール間との依存している程度を少なくする（これを「結合度が低い」状態といいます）ようにソフトウェアをつくると、保守性が高い良いソフトウェアとなります。しかし、これは意識的に行う必要があり、ソフトウェア工学の知識が必要です。

　もう一つは、「納期のプレッシャー」による話です。清水吉男氏は、「大規模化の原因である『機能追加』要求が来たときに納期のプレッシャーが大きいと、プログラマーは自分が開発してきたよく知ったモジュールに if 文を追加することで新機能へ誘導する脇道をつくり、あとは、その先でゴリゴリ新機能を実装してしまう」とおっしゃっていました。

　本来であれば、ソフトウェア全体を理解して、その構造を崩さずに最適な箇所に新機能を実装しないといけません。そのことは知っているにもかかわらず、時間がないとの思い込みから、良く知っている自分のプログラムに追加してしまいます。そうすると、プログラムはどんどんスパゲッティ化して、余計な複雑度を抱え込むことになります。

③　なぜ、ソフトウェアが正しく動くことを保証するのが困難になっているのか？

　こちらは、大規模・複雑化も要因の一つですが、その他に「動作環境の多様化」と「相互運用」について考える必要があります。

　「動作環境の多様化」というと、「現存するスマホの機種数は 70 種類」とか「対応すべきブラウザが 5 種類」という話が出ますが、現存する動作環境の多様化だけでなく、「未来の動作環境下でも動作すること」が期待されます。

　「相互運用」についていえば、IoT で連結して動作する巨大システムはどこで保証するのかということです。

④ なぜ、ソフトウェアが正しく動かないと社会的な問題になるのか？

生活に欠かせないものになっているソフトウェアが動かなければ社会的な問題となるのは当然です。特にインフラを支えている銀行や空港などのソフトウェアで顕著です。

近年は、設定ミスやハードウェアの故障に引きずられてソフトウェアが正しく動かなくなるケースも増加しています。それらはこれまでのテストで見つけることが困難です。いかに運用でのミスが発生しないことをテストで評価するか、そういうテストタイプのテスト設計が必要かもしれません。

1.2.2 動かないソフトウェア

pp.17-21

『日経コンピュータ』という雑誌では、1981年の創刊以来「動かないコンピュータ」というコラムを連載してきました。書籍にもなっています。

失敗事例を面白がるのでも、目を背けるのでもなく、さまざまな切り口で捉え、そこから教訓を読み取り、失敗を繰り返さないようにしましょう。

（1）報道された情報システムの障害発生件数の推移

図1.3を見ると右肩上がりです。2009年には年間17件しかなかった「情報システムの障害に関する報道数」が、10年後の2019年には122件と約7倍に増えています。

「市場に存在するソフトウェア量が増えているから当然なのでは？」という意見もあると思いますが、ITエンジニアの人数は2009年の77万人から、2016年には89万人と1.2倍しか増えていません。

（2）2019年後半の情報システム障害データ

表1.1は、IPA（情報処理推進機構）がまとめている「情報システムの障害状況 2019年後半データ」の抜粋になります。この活動は、障害を分析して再発防止に役立てようという趣旨で始まったものだと聞いています。

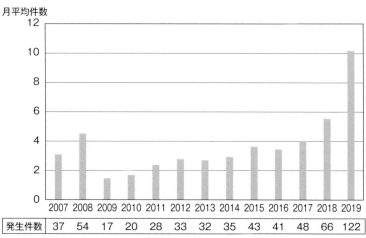

出典) 情報処理推進機構 社会基盤センター：「情報システムの障害状況 2019 年後半データ」、2020 年、p.1、図 1、https://www.ipa.go.jp/files/000080333.pdf

図 1.3 報道された情報システムの障害発生件数の推移

表 1.1 2019 年後半の情報システム障害データ (抜粋)

No.	システム名	発生日時（上段）回復日時（下段）				影響	現象と原因	直接原因	情報源
		年	月	日	時				
1934	日本ビジネスプレス Media Weaver	2019	7	1	12 時 30 分	40 以上の新聞やビジネス誌の関連ニュースサイトが閲覧できなくなった。	同社のデータベースに障害が発生。原因を調査中。		• 共同通信 (2019.7.1) • 日経 xTECH (2019.7.1)
		2019	7	1	17 時 00 分				
1935	ファミリーマートファミペイ	2019	7	1		「ファミペイ」アプリが正常に起動せず、サービスの利用に支障が生じた。	リリース直後からの想定以上のアクセス集中やシステム上の不具合が原因。		• ファミリーマートお知らせ (2019.7.5) • ITmedia (2019.7.8)
1936	大阪市統合基盤システム	2019	7	2	12 時 49 分	区役所、市税事務所、サービスカウンター等にて、計 21 件の各種証明書等を発行することができなかった。	区役所等の一部の端末で印刷処理等がエラーとなる事象が発生。原因を調査中。2019 年 6 月 7 日に発生した障害とは別の障害であると判明。		• 大阪市お知らせ (2019.7.2)
		2019	7	2	13 時 46 分				

出典) 情報処理推進機構 社会基盤センター：「情報システムの障害状況 2019 年後半データ」、2020 年、p.6、表 1、https://www.ipa.go.jp/files/000080333.pdf

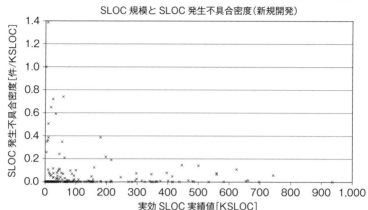

データ白書 2018 図表 9-3-1 対応

出典) 情報処理推進機構 社会基盤センター（監修）:「ソフトウェア開発分析データ集2020」、2020年、p.29、図 2-1-1.2 を一部加工。https://www.ipa.go.jp/000085879.pdf

図1.4　システム稼働後6カ月間のKSLOC（1,000行）当たりの発生不具合数

（3）システム稼働後6カ月間の発生不具合数

図1.4 もマクロな視点です。「ソフトウェア開発分析データ集2020」には他にもさまざまなデータがあり参考になります。

（4）キーワード「システム障害」の検索数の推移

図1.5 は、Google Trends を使って調べたものです。

「システム障害」は人の興味を引くということがわかります。ピークから具体的な事故を検索するといった使い方ができるように思います。Google は障害情報の収集に役立ちます。

（5）動かないソフトウェアが引き起こす問題

「信用の失墜」については、信用というものが何年もかけて先輩方が努力して築き上げてきたものだけに大きな問題です。「品質保証」は「お客様との信

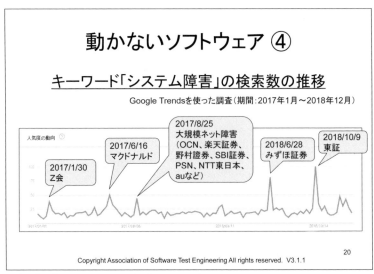

出典）「ASTER セミナー標準テキスト」、p.20

図 1.5 「システム障害」の検索数の推移

用を築くこと」と言い換えても良いでしょう。

pp. 22-23

1.2.3 品質の定義とその変遷

仕事のことだけを考えるのであれば、「JIS Z 8101：1981（品質管理用語）」の定義*だけを覚えておけば十分と思いますが、それに至った経緯を理解することも大切と思います。

「品質」については、多くの人がいろいろ語っています。それは、「品質」が人を惹きつける深遠な概念だからかもしれません。

＊テキストでは、JIS Z 8101：1981（品質管理用語）が引用されていますが、現在の JIS Q 9000（品質マネジメントシステム－基本及び用語）による品質の定義は「対象に本来備わっている特性の集まりが、要求事項を満たす程度。」です。

(1) クロスビーの品質の定義

クロスビー(Philip B. Crosby)は、「品質とは、要件に対する適合である。」と定義しています。したがって、品質を確認するためには、「要件」の識別と、ソフトウェアが「精密に測定可能」であることが必要です。

しかし、「要件を全部書き出すことができて、さらにテスト対象がその要件を満たすことを精密に測定することができる」なんてことはあるでしょうか?単純なハードウェアであればあったとしても、ソフトウェアには当てはまりそうにありません。

ところで、筆者は、要望、要求、要件、仕様の違いについて、次のように捉えています。

- 要望:言語化されていない望み
- 要求:言語化された望み(ただし矛盾があってもよい)
- 要件:要求の中で、システムで実現するもの(矛盾があったらだめ)
- 仕様:要件をコーディング可能なレベルまで具体化したもの

なお、「要求と要件はどちらもソフトウェア工学の本場の英語圏では、"requirements" と呼ぶ。区別はない」という人もいます。

(2) ワインバーグの品質の定義

ワインバーグ(Gerald M. Weinberg)はソフトウェアのコンサルタントで、ソフトウェアのことを熟知していますので、「品質は誰かにとっての価値である。」と、今でも多くの人に支持されている定義をしています。

この定義の素晴らしい点はクロスビーの定義が必要としている要求の正確さに依存しない定義だという点と、「誰かにとっての」の部分です。「ソフトウェアの作り手だけではなく、受け取り手の判断基準によって品質の良し悪しが決まる」ということです。これはとても重要な指摘です。なお、『誰か』には開発者自身を含むこともありますが、その場合でも客観的な立場をとります。

なぜなら、この定義を受け入れたら、受け取り手のことを考えざるを得なくなるからです。さらに、後半の「価値=喜んで対価を支払う」という具体的な

話にしている点が素晴らしいのです。

筆者はこのワインバーグの定義が一番好きです。

(3) 石川馨の品質の定義

テキストには、石川の定義を SQuBOK Guide V2 からの引用として「『製品の品質』は欧米の考えである『狭義の質』である。一方『広義の質』は仕事の質、サービスの質、情報の質、工程の質、部門の質、人の質、システムの質、会社の質等、これら全てを含め捉える。品質管理は『広義の質』について管理することを基本姿勢とする。」と記載しています。ここで「品質」という概念は、商品やサービスだけでなく「業務」や「企業」にまで広げることができるということを表しています。

なお、広がると広げた先に関心が集まるので、ど真ん中への注意が散漫になりがちです。これを品質管理のドーナツ化現象と呼びます。ドーナツの穴を埋めるために品質保証という言葉が生まれたとのことです。

石川の定義で大切なことは「間違った品の理解(品=品物の品)が横行しているから、もう、『質』だけでいこう。そして、森羅万象を対象として質の向上を行おう」ということです。

(4) 保田勝通の品質の定義

ワインバーグの定義に対して、保田は「誰か」を「ユーザー」として、「品質は、ユーザーにとっての価値である。」と定義しました。筆者が社会人になった 1980 年代中頃、「品質は、ユーザーの満足度である」という標語が流行っていました。

いまでも、CS(Customer Satisfaction:顧客満足)が顧客定着率、つまり、リピート顧客を増すと言われており、多くの企業で CS の度合い(顧客満足度)を測定して経営の管理指標としています。このように、保田の定義は、日本でとても浸透しています。

ところで、日本語の「満足」と、英語の "satisfaction" は少々ニュアンス

が違います。日本語の「満足」は、「(とても良いので、)要望や希望が満ち足りて不平・不満が一切ない」状態を指します。ところが、英語の "satisfaction" は、「条件や基準などをギリギリ満たしている」程度の状態を指します。

(5) JIS Z 8101：1981 (品質管理用語) の定義

JIS Z 8101：1981 (品質管理用語) での品質の定義は、「品物又はサービスが、使用目的を満たしているかどうかを決定するための評価の対象となる固有の性質・性能の全体。」でした。規格の用語定義は一般にわかりにくいものです。この定義も3回ぐらい読み返す必要があります。順番に説明します。まず、「品物又はサービス」と書いていることで、品質は形あるモノだけでなく、形のないコトも対象としていることがわかります。次に「使用目的」です。読み飛ばしそうになりますが、「使用」ということで、提供側ではなく受け手側が品質の良し悪しを決めるということ、また使用者の「目的」を満たすことを求めています。つまり、「使用目的を満たしている」は、「使用者が目的を達成すること」の意味で、それができる商品やサービスのことを品質が良いとする、ということです。

次の「評価の対象となる」は唐突な感じがしますが、JIS 的に「品質保証」をするためには「実証し証拠を残す」活動が必要ということです。最後の「固有の性質・性能の全体」は「品質特性のすべて」のことです。

■標準規格の閲覧・入手方法

JIS 規格は JISC (日本産業標準調査会) のウェブサイトの「JIS 検索ページ」でユーザー登録して、「JIS 規格番号から JIS を検索」のテキスト入力フィールドに、今回なら「Z8101」を入力して [一覧表示] ボタンを押して、進んでいけば誰でも無料で閲覧できます。ただし、ダウンロードはできません。また、日本のドメインからアクセスしていないと閲覧できません。海外出張中に使うときには注意が必要です。

JIS 規格を手元でじっくり読み込みたいときには、大型書店や日本規格協会

で購入します。なお、日本規格協会のウェブサイトからは PDF 版も購入できます。

p.24

1.2.4 成功に対するテストの貢献

テストは悪い知らせ（故障や欠陥情報）を伝えることが仕事なので、品質を確保する上でテストがどういった貢献をするかを、関係者全員に説明して理解してもらう必要があります。テストが何に対してどのように貢献したいと考えているのかを理解してもらうことで、他部門との関係が良くなり、仕事を進めやすくなります。

（1）正しくない機能が開発されるリスクを低減

ひと昔前には、「要件レビューに参加したいのですが。」というと、「なんで、こんな早くからテストが絡むの？」と警戒されました。

その言葉の裏には「テスト担当者が参加しても、誤字とか要件定義書のレイアウトとか、そういったどうでもいい指摘をするだけで、それって面倒で意味のない作業が増えることだから正直に言うと嫌だなあ。それにテスト担当者にわかるように専門用語を使わずに説明するのは大変だし……。」という心配があるようです。

確かに、テストスクリプトに書かれたとおりに操作して結果を記録することしかできないテスト担当者が要件レビューに参加しても「話を聞いているだけ」になってしまい、開発者にとっては、何のメリットもありません。しかし、テスト設計ができる、あるいはユーザーの使い方をよく知っているテスト担当者であれば、事前に配布された要件リストからハイレベルテストケースをつくり、レビュー会では、テストケースをつくる過程で見つかった要件の抜け漏れや矛盾を指摘することでしょう。そして、その指摘は、正しくない機能が開発されるリスクを低減します。

(2) 欠陥が混入するリスクを低減

テスト担当者が設計(やプログラムコード)に対する知見をもてば、それらについて開発に役立つ提案や提言ができ、結果として欠陥が混入するリスクを低減することができます。

(3) 要件が満たされる可能性が高まる

最後は、テスト実行の貢献です。「良いものをつくり、お客様のニーズに応える」という品質保証の一翼の実現です。「テストだけでは品質は向上しない」というのは事実です。デバッグされて初めてプロダクトの品質は向上します。しかし、開発の知識に加えてユーザーの使い方を熟知した人が専門的知識を使って欠陥や故障を見つけるのがテストという活動です。見つけることと直すこと、どちらも品質向上に同じくらい大切な役割だと思います。

「どうしようもないソフトウェアをテスト&デバッグだけで良いソフトウェアに変えられるか?」という話でしたら、それは無理と断言します。

1.2.5 エラー・欠陥・故障

pp.25-27

日本では「バグ」という言葉が、最も一般的に使われていると思います。辞書でバグを引くと「コンピュータのプログラムのあやまり」(『日本国語大辞典』)と載っています。それでは、「仕様書に書かれた設計ミス」は「バグ」でしょうか?

JSTQBでは、バグを「エラー」、「欠陥」、「故障」の3つの用語に分けて説明しています。以下で説明していきます。

(1) エラー・欠陥・故障の定義

気をつける必要があるのは、あくまでもJSTQBの「定義」ということです。つまり、同じ用語でも、別の団体では別の定義をしてます(表1.2)。なお、ソフトウェア品質関係の用語の定義については、SQuBOKを参照することをお勧めします。

表 1.2　エラー・欠陥・故障の定義

標準	人の行為	不備・欠点	機能が正しく実行しない	その他
JSTQB	エラー (error)	欠陥 (defect)	故障 (failure)	不正 (anomaly)：ドキュメント、標準、知見、経験から逸脱するあらゆる状態
IEEE 610	—	fault	failure	error：計算された値、観察値もしくは測定値または条件と、真値、指定値もしくは理論的に正しい値または条件との相違
JIS X 0014	—	障害 (fault)	故障 (failure)	—
一般？	—	バグ・不具合	(バグ・不具合)	—

　JSTQB では、不正 (anomaly) という用語もあります。ドキュメント、標準、知見、経験から逸脱するあらゆる状態を「不正」と呼びます。テストをしていて「なんか変」と思ったものはすべて不正です。不正のうちでソフトウェアに問題のもととなる欠陥 (defect) が存在すれば、その不正は、それ以降、故障 (failure) と呼ばれるようになります。もしも、テスト担当者の勘違いだった場合は、「仕様通り」や「テスト実行時のミス」などと呼ばれることになります。

　欠陥については、fault と defect をハードとソフトで使い分けるとスッキリします。ところがハードウェアの故障 (failure) に対応する用語がソフトウェアにはありません。それが理由だと思うのですが、そのまま「故障」という用語がソフトウェアに対して使われているようでスッキリしません。ちなみに、筆者はソフトウェアの故障 (failure) のことを「不具合」と言うことが多いです。

　なお、論文を書くときには厳密な用語の定義が必要ですが、通常の業務では文脈でわかると思いますので、神経質になる必要はありません。

　さて、エラー・欠陥・故障の関係を図にしたものが**図 1.6** です。この図は人が何か失敗をして、欠陥を作り込み、それが故障として顕在化することを表し

ています。この図を隅から隅まで順を追って眺めて、エラー・欠陥・故障の因果関係について腹落ちさせることをお勧めします。

(2) 対応の違い

筆者は、図1.6が好きで、セミナーのときにも時間をとって説明しています。似た概念に違う言葉を割り当てる意味を理解することはとても大切だと思うからです。

(a) 故障への対応

ユーザー先で、今起きている困りごとをなくす。リブートなどの若化（リジュビネーション）作業や回避策の提示も有効な対応です。ただし、故障の原因は直っていないため、別のユーザーで同じ故障が起こることは解決していません。

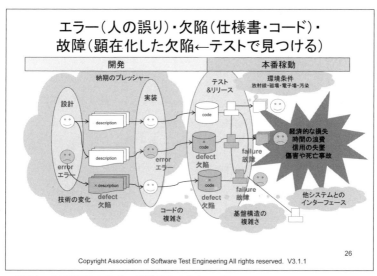

出典) 「ASTERセミナー標準テキスト」、p.26

図1.6 エラー・欠陥・故障の関係

　ソフトウェアのテスト中に変なことが起こったら、まずは簡単に再現できそうかどうかを考えて、ハングアップのように滅多に起こらず、再現頻度が低そうだと思ったら、現場を温存し、開発者に連絡し、原因究明を行うと思います。

　呼ばれた開発者は、故障発生中のマシンにリモートログインしたり、特別なポートから TTY 端末で入ったり、それもできなければ、特別なボタンの組合せを押して、割り込みを発生させてメモリーダンプをとったりします。

　でも、これはテストのときだけにしましょう。運用中(お客様先で稼働中)のときには原因究明よりも「ユーザーの今起きている困りごと(例えば業務の中断)をなくす」ことのほうを優先します。ハングアップしていて、ディスクのアクセスランプがチカチカしていなければ、リブートしてみるのも一つの手でしょう。

　若化はわかりやすくいえば、おかしくなる前に戻してしまうということです。厳密にいえば、すべてが昔に戻る「若返り」ではなく、何かのポイントのみが「若化」するということですので、若返りと若化は少し意味が異なります。若化は時間を戻すのではなく、対象の一部を障害発生前に変化させることです。

(b)　欠陥への対応

　欠陥レポート、デバッグ、リグレッションテスト、再リリースを行います。故障の原因は直りますが、欠陥を作り込んだ理由には迫っていませんので、次のプロダクトで再発したり同様な現象が発生したりします。故障に対して、リブートして使えるようになって、回避策をとるなどすれば、故障していたユーザーの問題は解決します。しかし、同じソフトウェアを使用している人が他にもいたら、そちらで故障が発生するかもしれません。発生頻度が低くても、何万本も使われていたら、サポート費用がかさみますし、ソフトウェアのみならず、会社の評判も悪くなります。それでは困るので、故障の原因である欠陥を直します。

（c）　エラーへの対応

欠陥をつくってしまった原因を究明し、原因に手を打つことで同種の欠陥を未然防止します。テキストでは原因の例として、次のものを挙げています。

- 納期のプレッシャー
- 人間のもつ誤りを犯しやすい性質
- 経験不足または技術不足（不慣れな技術を含む）
- 誤ったコミュニケーション
- コード・設計・解決すべき根本的な問題・使用する技術の複雑さ
- システム間のインターフェースに関する誤解

欠陥を直せば、そのソフトウェアの問題は完全になくなります。しかし、欠陥を作り込んでしまった原因（失敗を究明して）をつぶしておかなければ、次の開発で同様の欠陥をつくってしまいます。

そこで、欠陥分析を行って、欠陥をつくってしまった原因に手を打ちます。上記のとおり、テキストにはエラーの原因の例が６つ挙げられていますが、技術力不足はそのなかの一つにしかすぎません。

これらの入門として筆者が Qiita に書いた「続テストガール RINA（ノービス編）」を読んでいただけるとうれしいです。

https://qiita.com/akiyama924/items/e5c1c11cfeb08a9a7e42

1.3　テストの７原則

テストの７原則はテスト技術者のみならず、プログラマー、プロジェクトマネージャーなど、テストに関心があるすべての人に読んでほしい内容です。以下では、原則とそのシラバスの内容を示し、続いて全体解説・詳細解説を行うという形式で示していきます。

pp. 17-18

原則 1 　テストは欠陥があることは示せるが、欠陥がないことは示せない

> テストにより、欠陥があることは示せるが、欠陥がないことは証明でき
> ない。テストにより、ソフトウェアに残る未検出欠陥の数を減らせるが、
> 欠陥が見つからないとしても、正しさの証明とはならない。

(1) 全体解説

　ダイクストラは、1969 年に執筆した "Notes On Structured Programming"
で、"Program testing can be used to show the presence of bugs, but never
to show their absence!" と述べています。直訳すれば、「プログラムテストは
バグの存在を示すために使用することができますが、それらが存在しないこと
を示すために使用することはできません。」でしょうか。意訳したら原則 1 の
タイトルそのものです。ということで、50 年以上言われ続けてきている原則
です。

(2) 詳細解説

■テストにより、欠陥があることは示せるが、欠陥がないことは証明できな
　い

　前半は、ダイクストラの 1969 年の主張と同じです。一般に「ないことを証
明する」ことは困難です。ありとあらゆる原因に対して「ないこと」を確認し
ないと証明できたことにならないからです。証明することが不可能か非常に困
難な事象を「悪魔」にたとえて「悪魔の証明」と呼ばれることもあります。

　さて、私たちは「悪魔の証明」に対して無力なのでしょうか？

　一つだけ対抗手段があります。それは、証明するときの範囲を限定する方法
です。例えば、「白いカラスはいない」ことを証明するとします。

　「そんなカラスは、見たことがない。実際に誰かが捕まえるまでは、いない
ことにしよう」というのが普通の人の考えだと思います。

ただ、「どうしても証明したい」ときには、範囲を限定して証明します。

- この机の上に（白いカラス）はいない。
- 部屋の中にもいない。
- 建物の中にもいない。
- 町内にもいない。
- 県内にもいない。
- 日本にはいない。
- 世界中探したがいない。

「机上→部屋→建物→町内→県内→日本→世界」と証明するときの範囲を限定しつつ広げていきます。探索範囲を広げるだけでなく、探索する方法を広げてもいいですね。

- 触ったことがない。
- （白いカラスの）羽根を拾ったことがない。
- 見たことがない。
- 鳴き声を聞いたことがない。

「白いカラスはいない」ことを完璧に証明できなくても「白いカラスが目の前の机の上にいない」ことは証明できそうです。「その情報を求める範囲まで、ないことを証明できれば十分」という考え方です。

さて、これを「欠陥がない」ことに置き換えて考えてみます。

- マニュアルに記載されている動作については欠陥がなくきちんと動く。
- 仕様書に記載されている個々の機能については欠陥がなくきちんと動く。
- Google Chrome 上では欠陥がなくきちんと動く。
- 2 機能の組合せまでは欠陥がなくきちんと動く。

探索範囲だけでなく、探索する方法についても同様です。

逆にいえば、テストを行うときには、「どういう目的で、どの範囲について、どんな網羅基準でテストしたのか」の情報が大切ということになります。

■テストにより、ソフトウェアに残る未検出欠陥の数を減らせるが、欠陥が見つからないとしても、正しさの証明とはならない。

　後半は、前半の文の言い換えにすぎませんが、「仕様に対する verification ですら証明するにはテストの数が多くなりすぎて不可能」と言っています。

pp.17-18

原則2　全数テストは不可能

　テストの実務者とテストをよく知らない人のギャップを最も表している原則ではないでしょうか。専門家にとっては当たり前でもテストのことをよく知らない人にとっては当たり前とまでは認識されていないため、言い続ける必要がある原則です。

> 　すべてをテストすること（入力と事前条件の全組み合わせ）は、ごく単純なソフトウェア以外では非現実的である。全数テストの代わりに、リスク分析、テスト技法、および優先度によりテストにかける労力を集中すべきである。

（1）全体解説

　マイヤーズの『ソフトウェア・テストの技法 第2版』（近代科学社）に「シンプルに見えるプログラムですら百や千の入力の組合せを持てる」とあります。
　例えば、ON 状態と OFF 状態があるチェックボックスについて考えてみましょう。もし、チェックボックスが2つなら、4つの組合せですが、3つになれば、8つの組合せになります。チェックボックスが一つ増えるごとに組合せ数は倍に増えていきます。
　10個もあれば、2^{10} で 1,024 となります。確かに、チェックボックスが10個のシンプルに見えるプログラムですら 1,024 パターンの入力の組合せをもつことができる、というわけです
　さらに、20個なら 2^{20} で 1,048,576 ですから100万を超えた組合せとなります。これを全部テストすることを「全数テスト」と呼ぶのであれば、それは非現実的です。

(2) 詳細解説

■全数テストは、ごく単純なソフトウェア以外では非現実的

マイヤーズは入力の組合せ数が指数関数的に増える事実をもって非現実的と指摘しましたが、組合せの他にも、

- 入力の値(1から100まで入力できるなら100回？　アナログ値の場合は？)
- ループ(プログラムにループがあったら無限大？)
- 状態遷移(ループがあったら全パスは無限大？)
- タイミング(1秒間に何回実施する？)
- ロングラン(何日間連続稼働させる？)

などについても、全部の確認はできません。

■全数テストの代わりに、リスク分析、テスト技法、および優先度によりテストにかける労力を集中すべきである。

後半は、シラバスからの提案となっています。

例えば、家を建てたら、まずはトイレの水が流れること、風呂の湯が沸くことなど生活が成り立つかの確認をしますよね。続いて、防音・防火・耐震など、不備があったら困ることを確認すると思います。「お風呂の蓋の色が注文と違う」といったような、問題があったとしても軽微なものや、すぐに直せることであれば、その確認は後回しにすることでしょう。それが、リスクベースドテストです。

次に「テスト技法」との対応についてですが、上記の例に当てはめていえば、

- 入力の値：同値分割法、境界値分析
- ループ：0回、1回、2回、MAX回
- 状態遷移：状態遷移図・表、Nスイッチテスト
- タイミング：並行処理テスト
- ロングラン：統計技法、シナリオテスト技法
- 組合せ：直交表やペアワイズなどの組合せテスト技法

などが対応します。

最後に「優先度」ですが、こちらは「テスト条件」、「テストケース」などの優先度をつけることを意味します。優先度はリスクという発生してほしくないネガティブな予測からもつけますが、「ビジネスを成功させるため」といったポジティブな(実現してほしい)ことについての優先度も考慮します。

pp.17-18

原則 3 早期テストで時間とコストを節約

近ごろは当たり前になっているので、何を言っているのか、かえってわかりにくい原則かもしれません。要するに、「テストの活動は、できるだけ早く開始しよう」ということです。ただし、ここではテストに、静的テスト(レビューや静的解析ツールによる欠陥の検出)を含んでいる点に注意しましょう。

> 早い段階で欠陥を見つけるために、静的テスト活動と動的テスト活動の両方をソフトウェア開発ライフサイクルのなるべく早い時期に開始すべきである。早期テストは、シフトレフトとも呼ばれる。ソフトウェア開発ライフサイクルの早い時期にテストを行うことにより、コストを低減または削減できる。

(1) 全体解説

昔は、各開発者がつくるモジュールの開発がすべて終わったら、それら多数のモジュールをいっせいに結合してテストをするため「ビッグバンテスト」と呼ばれました。

「ビッグバンテスト」では、モジュールを単独でテストするための「ドライバ」や「スタブ」の開発が不要で、すべてのモジュールを好きにテストできるというメリットがある一方で、モジュール間インターフェースエラーの発見が難しく、デバッグが面倒というデメリットがありました。

したがって「ビッグバンテスト」は、小規模開発以外ではデメリットが大きいやり方でした。

(2) 詳細解説

■静的テストと動的テストの両方をなるべく早い時期に開始すべき

前半は、「静的テスト」が入っている点に注意してください。「仕様書のレビュー」や「コードを静的解析ツールに掛けて欠陥を見つけること」を早期テストでは推奨しています。

■早期テストは、シフトレフトとも呼ばれ、コストを低減または削減できる。

後半は、V字やW字モデルを意識しています。テキストには図1.7のように示されています。テスト設計を対応する開発プロセスが終わった直後に実施しようという図です。

原則4　欠陥の偏在

pp. 17-18

「欠陥は全体的にランダムに存在するのではなく、偏って存在する」ということです。テストをしている方は実感があるのではないでしょうか。

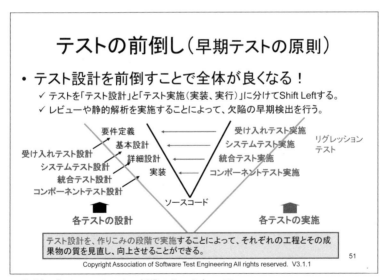

出典）「ASTER セミナー標準テキスト」、p.51

図1.7　テストの前倒し

> 　リリース前のテストで見つかる欠陥や運用時の故障の大部分は、特定の少数モジュールに集中する。
> 　テストの労力を集中させるために欠陥の偏在を予測し、テストや運用での実際の観察結果に基づいてリスク分析を行う。

（1）全体解説

　原則4は「欠陥は偏在する」ということを示しています。昔、機械的にソースコードの一部を変化させ、その検出結果でテストの十分性を測定する方法が流行ったことがありますが、機械的にソースコードを書き換えることでつくった人工バグは、テスト対象のソフトウェアに「偏在」しているでしょうか？

　大切なことは本物のバグの偏り方と人工的につくったバグの偏り方が同じであること（少なくとも相関があること）です。

（2）詳細解説

■リリース前のテストで見つかる欠陥や運用時の故障の大部分は、特定の少数モジュールに集中する。

　「欠陥が偏在すること」そのものの話です。「モジュール単位で見たときの偏在」もありますし、「境界値の辺り」に多くのバグが存在するといった偏在もあります。偏在モジュールを分析するときには、慎重に原因を分析する必要があります。

　筆者の実体験ですが、あるプロジェクトで、「GUIのバグが異常に多い」という指摘が出たことがあります。ほとんどのバグはユーザーの入力に対する異常な出力なので、「ユーザーの入力をハンドリングするモジュールに欠陥が偏在している！」という誤った分析結果になったのです。

■テストの労力を集中させるために欠陥の偏在を予測し、テストや運用での実際の観察結果に基づいてリスク分析を行う。

　後半のこちらは、fault-prone のことです。fault-prone とは、「欠陥を含んで

いる確率が高い」とか「欠陥の傾向」という意味です。

fault-prone というと、難しそうに思われるかもしれません。でも、ソースコードの複雑度を測定し、「複雑なモジュールに欠陥があるのでは？」と推測してテストすることはありませんか？　これも fault-prone です。

また、「テストや運用での実際の観察結果に基づいてリスク分析を行う」は、テストや運用時にメトリクス（管理特性）のモニタリングをしっかり行い、テスト計画を更新するなど、リスク分析やその対応をすることを示しています。

原則5　殺虫剤のパラドックスにご用心

pp.17-18

欠陥がもつ性質を表した原則です。「バグを見つける万能薬はない」と「同じテストを繰り返していても新しいバグは見つからない」ということです。

> 同じテストを何度も繰り返すと、最終的にはそのテストでは新しい欠陥を見つけられなくなる。この「殺虫剤のパラドックス」を回避するため、テストとテストデータを定期的に見直して、改定したり新規にテストを作成したりする必要がある（殺虫剤を繰り返し使用すると効果が低減するのと同様に、テストにおいても欠陥を見つける能力は低減する）。ただし、自動化されたリグレッションテストの場合は、同じテストを繰り返すことでリグレッションが低減しているという有益な結果を示すことができる。

(1) 全体解説

ハードウェアのテストは、同じテストを何度も繰り返すことで問題を見つけます。

一方、ソフトウェアのテストでは、「同じユーザー名・同じパスワードでログインできることの確認テストを1,000回しました」と言われても「それじゃあ、ログイン機能は完璧だね」と思う人はいないと思います。そうではなく、「ユーザー名やパスワードについて、長さ、文字種、変更の有無、大文字・小文字などのさまざまなパターンは試したか？」どうかを求められると思います。

ですから、テストデータやテストについて、同じものを使い続けることは、新しいバグを見つける手段としては、良い方法とはいえません。

(2) 詳細解説

この原則はバイザーが著書 *Software Testing Techniques*（邦訳：『ソフトウェアテスト技法』、日経BP）で述べたものです。バイザーが本当に言いたかったことは、「同じテスト」の問題というよりも、「どんなテストだってすり抜けるバグが存在する」ということです。

■自動化されたリグレッションテストの場合は、同じテストを繰り返すことでリグレッションが低減しているという有益な結果を示すことができる。

後半は、例外的な話が書いてあります。バグ修正時に新しいバグを作り込んでいないことを確認するリグレッションテストでは同じテストが通ることを確認することが目的だからこの原則は関係ないということです。

(3) ゼノンのパラドックスと殺虫剤のパラドックス

「殺虫剤のパラドックスにご用心」という原則5について説明すると「『同じテストを繰り返すと、新しい欠陥を見つけられなくなる』のどこがパラドックスなのでしょうか？」という質問が来ることがあります。

パラドックスとは、間違っていることは確信していても、どこが違うかについて上手く説明できない論理のことです。「同じテストを繰り返すと、新しい欠陥を見つけられなくなる」ことが明らかに間違っているとでもいうのでしょうか？　筆者はそうは思いません。ということで、まずは「ゼノンのパラドックス」について復習しようと思います。

「ゼノンのパラドックス」を身近な通勤に当てはめて考えてみます。

会社を目的地とすると、まずは、自宅と会社の中間地点（A地点としましょうか）まで到着する必要があります。A地点に到着したら、次にはA地点と会社の中間地点（B地点とする）まで到着する必要があります。さらに、B地点に到着したら、次にはB地点と会社の中間地点（C地点とする）まで到着する必

要があります。以下、同じ繰り返しが無限に続くので、会社に到着することはないといえます。というのが「ゼノンのパラドックス」です。

さて、「殺虫剤のパラドックス」に話を戻します。バイザーのオリジナルの文章の一部をパラドックスっぽく書き直したのが次の文章です。

「DDT剤で害虫を残り2%に減らした。次にマラソン剤を追加しさらに減らしたが、まだ、2種類の殺虫剤（テスト）の攻撃をすり抜けて生き残る害虫（バグ）がいる。きっと、無限に殺虫剤を増やしても害虫を完全に駆除することはできないのだろう。」

テストとバグの関係を示した原則なのだと思います。

原則6 テストは状況次第

pp.17-18

この原則は、原則名である「テストは状況次第」という文だけでは、真意がなかなか伝わらないかもしれません。

多くの組織では、「テストは開発全体の20%くらいの期間でいいよね？　前回もそれで何とかなったし」というような「政治的な力関係」で外堀が埋められ、気がついたらテスト終了日や予算が決まっていて、そこから逆算してどんなテストをするのがベストなのかを考えているようです。そういった仕事の進め方をしている人ほど、この原則を噛みしめてほしいです。

結論は、「テスト対象に求められているものを知り、それをもとにテストしましょう」ということです。

> 状況が異なれば、テストの方法も変わる。例えば、安全性が重要な産業用制御ソフトウェアのテストは、eコマースモバイルアプリケーションのテストとは異なる。また、アジャイルプロジェクトとシーケンシャルライフサイクルプロジェクトでは、テストの実行方法が異なる。

（1）全体解説

何をつくるのか、またその背景となる「どのような要求を満足させるのか」、

「どのような問題を解決したいのか」によってテストの内容を変える必要があります。

　例えば、画期的なアイデアを思いついたとします。それが本当に世の中に受け入れられるかどうかをお試し、かつ、無料で使ってもらおうとしているとします。その無料ソフトのテストをするなら、異常系のテストは最少限にして、その画期的なアイデアが使用者に伝わるかどうかをテストすることでしょう。状況が異なれば、テストの方法もそれに合ったものに変える必要があります。

(2) 詳細解説

■状況が異なれば、テストの方法も変わる。

　この原則のポイントは「状況」です。ここで「状況」とは、「利用者の使用状況」のことです。

■アジャイルプロジェクトとシーケンシャルライフサイクルプロジェクトでは、テストの実行方法が異なる。

　後半は、同じ価値を提供しようというソフトウェアに対して作成するテストケースは同じでも、作成したテストケースを誰が、どのタイミングで、どういう方法で行うべきかは変わるということです。

原則7 「バグゼロ」の落とし穴

pp.17-18

　皆さんは、テストを始めたころに「バグを見つけて！」といわれたことがあるのではないでしょうか？　それは、最も重要なテストの目的といえるでしょう。

　ところで、「バグゼロ」になれば、すべてハッピーなのでしょうか？　「そこに落とし穴があるかもよ!?」というのが、この原則です。

　テスト担当者は可能なテストすべてを実行でき、可能性のある欠陥すべてを検出できると期待する組織があるが、原則2と原則1により、これは不可能である。また、大量の欠陥を検出して修正するだけでシステムを

正しく構築できると期待することも誤った思い込みである。例えば、指定された要件すべてを徹底的にテストし、検出した欠陥すべてを修正しても、使いにくいシステム、ユーザーのニーズや期待を満たさないシステム、またはその他の競合システムに比べて劣るシステムが構築されることがある。

(1) 全体解説

「たとえ、バグゼロを実現できたとしてもユーザーのニーズを満たさないなら、それは意味のないことですよね？」ということです。

(2) 詳細解説

■テストをすべて実行でき、欠陥をすべてを検出できると期待されても、これは不可能

原則2の「全数テストは不可能」から、この「テストをすべて実行でき」部分が誤っていることがわかります。ここから「バグゼロ」(ここでは、「欠陥が一つも存在しないソフトウェア」の意味)はそもそもあり得ない(少なくとも証明は不可能)ということがわかります。

■大量の欠陥を検出して修正するだけでシステムを正しく構築できると期待することも誤った思い込み

一番身近なのはテストの最終日に見つけた軽微なバグを修正するかどうかでしょう。「バグゼロ」が目的であれば直すべきですが、直す行為に新たなバグ(リグレッション)をつくってしまうリスクがあります。

1.4 テストプロセス

1.4.1 基本的なテストプロセス

p.33

テスト全般の流れで押さえておいてほしいことは「ジェネリックプロセスモ

37

デル」であることと「テストのモニタリングとコントロール」が並行している
という 2 点です。

(1) プロセス

　ここでは、基本的なテストプロセスがテーマですが、その前にプロセスとは
何でしょうか？　JSTQB の用語集には、「プロセス(process)：相互関係のあ
る活動のセット。入力を出力に変換する。[ISO/IEC 12207]」とあります。

　図 1.8 は IPA の『共通フレーム 2007 第 2 版』(オーム社)にあるものですが、
「プロセス>アクティビティ>タスク>リスト」の順番で仕事が詳細化されて
いるモデルであることがわかります。

　この図と、先のプロセスの定義を見比べると、「相互関係のある活動」が、
IPA の『共通フレーム 2007 第 2 版』でいう「アクティビティ」であることが
わかります。つまり、複数の活動をまとめて、まとめたセットを、入力を出力

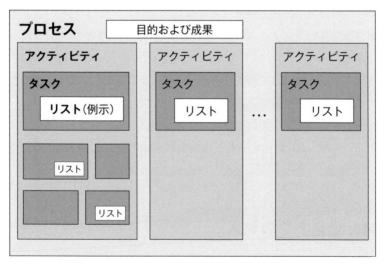

出典)　情報処理推進機構 ソフトウェア・エンジニアリング・センター(編)：
　　　『共通フレーム 2007 第 2 版』、オーム社、2007 年、p.39

図 1.8　プロセス階層

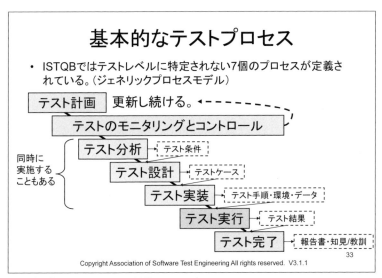

出典）「ASTER セミナー標準テキスト」、p.33

図 1.9　基本的なテストプロセス

に変換する「ブラックボックス」とみなした仕事の単位のことを「プロセス」
と呼びます。

　以上のことを踏まえて、**図 1.9** に示す「基本的なテストプロセス」も、各四
角がプロセスで、入力と出力の連鎖になっていることを確認しましょう。

(2) ジェネリックプロセスモデル

　JSTQB のいう「基本的なテストプロセス」で、まず押さえておきたいこと
は、これが「ジェネリックプロセスモデル」であるということです。平たく言
えば「どこでも当てはまるプロセスの型」ということです。どこでもというの
は、「テスト全体」に対しても、「テストの一部分」に対しても、ということで
す。1983 年に生まれた IEEE 829 には、全体計画（マスターテストプラン）と、
部分計画（レベルテストプラン）をつくるようにと書いてあります。

　マスターテストプランも、レベルテストプランも、さらにいえば、レベルテ

ストプランには「ユニットテスト計画書」や「システムテスト計画書」などがありますから、それらすべてが同じプロセスモデルでいける！ というのが「ジェネリックプロセスモデル」であるという意味です。

(3) テストのモニタリングとコントロール

図 1.9 を見ると「テストのモニタリングとコントロール」の枠だけが横に長いことに気がつきます。これは、すべてのプロセスのモニタリングを行い、コントロールすることを示しています。

プロセスのモニタリングとは、プロセスが順調か、それとも問題を抱えて行き詰っているかといったことを確認するプロセスです。なぜ、確認するかといえば、コントロール（計画の更新と対応）したいからです。状況がわからなければ良い計画はできません。そして、プロセスが始まる前にもっている情報は少ないので、粗くていい加減な計画しか立てられません。時間が経てば経つほど情報は増え、より精度が高い見積りができ、良い計画書に刷新することができます。それをしましょうというのが、「テストのモニタリングとコントロール」の枠だけが横に長い理由です。

p.34

1.4.2 テスト計画

テスト計画については、次の 3 つのアドバイスがあります。

① 完璧なテスト計画書をつくろうとしない（特に初めの計画は適当で良い）。

② つくることよりも、つくった計画について関係者で話し合う。

③ 実態と異なると気づいたらすぐに直す。

ところで、「テスト計画書を適当につくって良い」と言われると、かえって困るという人がいます。そこで、書いておくべき最小セットを次に示します。

• 前提（企画、リソース、準拠すべき何か）

• RACI 図と情報の流れ

• テスト戦略

- 見積り(工数、スケジュール、見つかる欠陥数など)
- 人材教育計画(トレーニング計画)

　これらをわかる範囲で計画に盛り込めば良いのです。そうしてできたテスト計画書を関係者でレビューして充実させることが大切です。

(1) 目的を定義する

　テスト計画書を書く上で忘れてはならないこと、それは「目的を定義する」ことです。スケジュールも大切ですが、まずは「テストの目的」、できれば目標を書くことをお勧めします。目標には、次のことを具体的に書きます。

- テストが有効かどうかを測る物差しと目標値
- テストが効率よく行えたかどうかを測る物差しと目標値
- ステークホルダーの満足度を測る方法と目標値

上記は、それぞれ次のことに対応します。

- 効果：テスト対象の品質を測定するメトリクス
- 効率：実施時間や工数
- 満足：アンケート結果

に対応します。

(2) テスト計画書を更新する

　「テストのモニタリングとコントロール」によってテスト計画書を更新してください。

　開発が進めば進むほど、いろいろなことがわかってきますので、どんどん見積り精度が上がります。テスト計画書に実績値を反映していけば、テストの後半になっても焦ることはないはずです。

1.4.3　テストのモニタリングとコントロール

p.35

　「テストのモニタリングとコントロール」は、「テスト計画」と同じカテゴリーに属するプロセスです。シラバスでは、「テスト計画作業とコントロール」

として、次のように記述しています。

「テストコントロールは、実際の進捗と計画を比較し、計画からの乖離など
の状況をレポートする継続的な活動である。

テストコントロールには、プロジェクトの目的や使命に合致させるために取
る対策も含む。テストの活動は、プロジェクトを通じてモニタする必要がある。
テスト計画作業は、モニタリングとコントロールからのフィードバックを考慮
する。」

モニタリングとコントロールについてのJSTQBの考え方は、テスト計画プ
ロセスと分離することによって、より重要視しているように見えます。

(1) メトリクス

モニタリングするものを一般に「メトリクス」、あるいは、「管理項目」と呼
び、テスト計画書に定義と測定方法と目標値を書いておきます。JSTQBの用
語集には、「メトリック(metric)：測定尺度、及び、測定手法。[ISO/IEC
14598]」とあります。

(2) なぜ測るのか？

テスト計画書を書く上で忘れてはならないことは、前述のとおり「目的を定
義する」ことです。そして、目標値を定めて達成状況をモニタリングすること
が、管理には必要です。

そもそも、「管理(マネジメント：コントロールはマネジメントの一部)とは、
手持ちのリソースをやりくりして、業務目的を効率よく達成するための活動」
のことですから、「どのくらい目的を達成できているか？」をできる限りリア
ルタイムに知ることが必要となります。達成度合いを知るのが遅れれば、それ
だけ対策が遅れるためです。すなわち、対策を打つのが遅れれば遅れるほど、
打てる対策の種類が減り、多くの場合、対策費用がかさみます。

1.4.4 テスト分析

p.36

「テスト分析」を「難しいこと」と思っていませんか？　そのようなことは
ありません。上手い下手は別として誰もが行うことです。

(1) テスト分析とは

マイヤーズは、「テストとは、エラーを見つけるつもりでプログラムを実行
する過程である。」と述べました。この文章にある「エラーを見つけるつもり
で」はテストをする上で、一番大切なポイントではないかと筆者は考えていま
す。それは、「何をテストしているのか意識してテストする」ことにつながる
からです。

テスト分析とは「何をテストするのか」を決定するプロセスのことです。テ
スト分析に入力されるもののことを総称して「テストベース」と呼びます。
「要件リスト」や「仕様書」、「詳細設計書」など、テストのもととなるものが
テストベースです。

次に、テスト分析プロセスの出力ですが、JSTQBでは「テスト条件」と呼
んでいます。

(2) テスト分析の前に

テスト分析を行う前に、「テストレベルごとに適切なテストベース」が何か
を考える必要があります。図1.10を使って説明します。色の付いた絵を日科
技連出版社のホームページからダウンロードしてご覧ください。

縦軸は、空の天辺の白色から始まり、水面付近の青色、海の中の藍色と続き、
最下層は海の底の泥の黒色となっています。「白→青→藍→黒」の順です。こ
の色の変化は、「ビジネス(白)→使用者(青)→機能(藍)→部品(黒)」に対応し
ます。つまり、色は「ビジネスの目線で達成すべきこと」、「使用者の目線で実
現すべきこと」、「機能の振る舞い」、「部品の設計仕様」といったテストすると
きに確認する対象を表しています。

注）　カラーの図は左側の QR コードから閲覧できます。

図 1.10　テスト対象（雲・凧・波・船・海・魚・泥・貝）

　テストは価値を確認する行為ですからビジネスに対してテストするのであれば、そのテスト対象がどのようにビジネスへ貢献するのかを明らかにする必要があります。

　次に、この絵の横軸です。ビジネスレイヤーの白色には「雲」と「凧」が描かれています。「雲」は形が定まらないモヤっとしたもののメタファーです。一方「凧」は輪郭がはっきりし形を変えることがありません。雲は抽象的なビジネス要求、凧は具体的なビジネス要求に対応します。他のレイヤーも同様です。表 1.3 にまとめてみます。

　4 つのレイヤーに対して抽象・具象が一つずつ対応しますので、テスト対象は雲・凧、波・船、海・魚、泥・貝の 8 つの領域となります。

　ところで、「抽象」の列の 4 つはテストベースとして使いにくいものです。例えば、「いい感じに省力化していること」という抽象的なビジネス要求に対するテストは現状の何パーセントを省力化すればよいかが曖昧なので、要求を出した本人しかできないことでしょう。ですから実際には、「具象」列にある「凧」、「船」、「魚」、「貝」をテストベースとします。つまり、「テストレベルご

表 1.3　テスト対象の明確化

レイヤー	抽象	具象	評価手法
ビジネス	雲	凧	● 品質コスト ● ROI分析
使用者	波	船	● ユースケースシナリオ ● 組み合わせテスト
機能	海	魚	● ブラックボックス ● デシジョンテーブル
部品	泥	貝	● ホワイトボックス ● 制御フローパス
テストと 保証責任	妥当性 確認	検証	● 顧客：ビジネスに責任 ● 開発責任：使用者 ● 委託先：機能・部品

注）　カラーの図は右側の QR コードから閲覧できます。

とに適切なテストベース」が何かを考えるというのは、この 8 つの領域のどこを対象としていて、どのような「テストベース」を入手しているかを確認することなのです。

　「テスト計画書」に記載すべきものなので、「テスト計画書」の「テストベース」部分を具体的なもの(例えば、文書番号や格納先)に更新します。

(3) 例を見てみよう

　ASTER のウェブサイトでは「過去のテスト設計コンテスト」発表資料を閲覧できます。

　　http://aster.or.jp/business/contest/history.html

　それらを見ていると、「テスト分析」(テスト設計コンテストでは、テスト結果の分析との混同を避けるために「テスト要求分析」と呼んでいます)の雰囲気がつかめると思います。

(4) テスト分析

　テスト分析に決まった方法はありません。強いて言えば、「テストベースか

ら、テスト条件を見つけて、見つかったテスト条件に優先度を割り当てること。さらに、テストベースの各要素とテスト条件のトレーサビリティを確立すること」です。

この先は、人によって違いますので個別の方法論になってしまいます。ざっくりいえば、次のことをテスト分析で行います。

① テスト対象をはっきりさせる。

② テスト対象のステークホルダーをはっきりさせる。

③ テストベースを読み込む。

④ テストベースを細かく分けてテスト条件を見つける。

⑤ 優先度とトレーサビリティを確立する。

なお、実際にはテスト対象の違いによって大きく変わるものです。手順どおりに行うというよりは、都度、頭を使ってテスト条件を導き出します。

p.37

1.4.5 テスト設計

「テスト分析とは『何をテストするのか』(＝テスト条件)を決定するプロセス」と前述しました。

それに対して、テスト設計は、一言でいえば、「テスト分析をした結果みつかった『何をテストするのか』を、『どのようにテストするか』決めること」になります。テスト分析とテスト設計は、What と How to を見つけるプロセスという関係です。

(1) テスト設計のアウトプット

「テスト分析」のアウトプットとして「テスト条件」があるように、「テスト設計」のアウトプットとして「テストケース」があります。

ところで、テスト分析の説明の際に「テスト条件」って何だろう？　となったように、テスト設計の説明の際には「テストケース」を明らかにする必要があります(そうしないと人によって違うものをつくってしまう)。

テキストには、次のように書いてあります。

「テスト条件をハイレベルテストケース、ハイレベルテストケースのセット、およびその他のテストウェアへ落とし込むこと。」

ここで、ハイレベルテストケースについて、「Advanced Level シラバス日本語版テストアナリスト」には次のように述べられています。

- ローレベル(具体的)テストケースまたはハイレベル(論理的)テストケースがどのテスト領域で最も適切であるかを判断する。
- 必要なテストカバレッジを確保するテストケース設計技法を決定する。
- 識別したテスト条件を遂行するテストケースを作成する。

(2) テストケース

前述のとおり、テストケースには、具体的なもの(ローレベルテストケース)と論理的で抽象的なもの(ハイレベルテストケース)があります。例で説明します。

《テスト条件》
- 正三角形と出力されること

《テストケース》
- (ハイレベル)三辺の長さとして、同じ値の自然数3つを入力し、「正三角形」が出力される。
- (ローレベル)三辺の長さとして、5、5、5を入力し、「正三角形」が出力される。

上記は、「テスト条件」を入力として「テストケース」を出力した様子です。ハイレベルとローレベルの例を書きましたが、両者の間には無限の段階があります。

(ハイレベル) 同じ値の自然数3つ
　　→(中間) 1桁の同じ値の自然数3つ
　　　　→(ローレベル) 5、5、5

などです。

　ここで、「テスト条件」を具体化したら「ハイレベルテストケース」が得られると考えるのは誤りです。「何をテストしたいのか」を分析して見つけることが「テスト分析」で、見つかった「テスト条件」には優先度を付けます。つまり、「テスト分析」が終わった時点で何をテストしたら良いかは、明文化されていないだけで、はっきりと決まっていなければなりません。

　「テスト設計」では「それをどうテストするか」を決定します。

(3) カバレッジアイテム

　テスト設計は「どのようにテストするか」を決めることですが、「どのように」という言葉の中には、「方法」と「どこまで」という2つの問いが隠れています。

　この「どこまで」を決めるものを「カバレッジ」といいます。日本語では「網羅」といいますが、要するに「どういう基準でどこまでテストするのか」ということです。したがって「カバレッジ」は、さらに「カバレッジアイテム（何を網羅するのか）」と「カバレッジ目標値（どこまで網羅するのか）」に分かれます。

　これが決まりませんと、「テスト条件」からどの粒度で、いくつ「テストケース」をつくればよいかがわかりませんし、テスト技法も決まりません。

　テスト設計というと、テスト技法を使って何かを網羅したテストケース群をつくることと思われがちです。それは間違いではありません。でも、テスト設計の定義に立ち戻り、「そもそも、テスト条件って見つけていたかな？」とか「何を網羅したテストか、他人に説明できるかな？」と自問してみると良いテストをつくることにつながると思います。テスト技法を適用しないで作成するテストケースも多いのです。

p.38

1.4.6　テスト実装

　「テスト分析」、「テスト設計」に続き「テスト実装」です。

（1） テスト実装のアウトプット

「テスト実装」を理解するには、そのアウトプットを調べるのが一番です。大きくは、次の3つがあることがわかります。

 ① テスト手順(場合によっては、自動化のテストスクリプト)

 ② テスト環境(テストハーネス、サービスの仮想化、シミュレーターなど)

 ③ テストデータ

これらの準備が完了すれば、テストの実行に必要なものすべてを準備したといえそうです。

（2） テストケースとテスト手順

シラバスのテスト手順は、"test procedure" の訳です。"test procedure" は複数のテストケースを「実行順序を考慮してまとめたもの」です。

日本語で「手順」というと、「アプリケーションを起動して」、「メニューを開いて」といったものを想像しますが、JSTQBではそれはアクション(一般的にはステップ)と呼び、必要であればテストケースの中に記述します。

現場の混乱を避けるためにJSTQBの「テスト手順」について話すときには「テストプロシージャ」と言い換えるほうが良いかもしれません。

なお、自動テストの場合は「自動テストスクリプト」をテスト実装プロセスで開発します。

（3） テスト実装の目的

テスト実装では、主にテストの効率アップを目指します。そのために、次のような対策がとられます。

 • 似たテストケースを集める。

 • 前提条件に着目して操作を減らす。

「似たテストケースを集める」とは、例えば、パフォーマンス計測を行うテストケースを集めて、「性能テストスイート」をつくることです。そうすると、

性能テストに関する知見が集まりますし、別チームに仕事をアサインすることによって作業の並列化を実現し納期短縮に寄与します。

また、「前提条件に着目して操作を減らす」とは、同じ前提条件をもつテストケースを集めることによって、テスト環境を準備する手間を削減することなどです。

p.39

1.4.7 テスト実行

（手動の）「テスト実行」は筆者が最も好きなプロセスです。仕様書だけではわからない実際の動きを見ながら、「こうしても大丈夫かな？」と気になる点をつついて、バグが見つかるとうれしいものです。

（1）テスト実行の心得

マイヤーズの「テストとは、エラーを見つけるつもりでプログラムを実行する過程である」という言葉を何度も引用していますが、テスト実行のときには必ず思い出してほしい言葉です。結果が大きく変わるからです。いつも、「こうなるだろう」と期待結果を想像しながらテストすることをお勧めします。

（2）テストの目的を意識する

とくに、テスト設計者（テストケースやテスト手順書をつくる人）とテスト実行者が異なる場合には、「このテストケースで何を確認したいのか？」がテスト実行者に伝わっていることが大切です。案外、テストケースを見ただけでは、そのテストがなぜ必要なのか、第三者にはわからないものです。

同じテスト手順書を使っていても、テスト担当者ごとに、テスト実行結果は異なります。バグを多く見つける人もいれば、一つも見つけられない人もいます。鋭敏な観察眼の有無や、注意深さの違いもあるのですが、「こうなるはずだ」という想像をしてから操作をしているかどうかの差が大きいと思います。

また、折角見つけているのに、自分の仕様の理解不足を気にして報告しない人がいるのは本当にもったいないことです。テスト担当者に悪気はなく、「テ

スト手順書を進めること」が仕事の目的だと思い込んでいるのと、報告後に無駄な作業を発生させたら申し訳ないという優しい気持ちからだと思います。

　最後に、「テスト実行スケジュールに従ってテストスイートを実行すること」も大切です。

1.4.8　テスト完了

p.40

　「テスト完了」はその名のとおり、テストが完了したときに実施するプロセスのことです。

　JSTQBのテストプロセスは、ジェネリックプロセスなので、すべてのテストが終わったときだけでなく、個々のテストスイート終了時に「テスト完了」プロセスを実施します。2時間程度の短時間でも良いので、KPT*などを用いた振り返りを実施しましょう。

(1) テスト完了プロセスのアウトプット
　テスト完了プロセスのアウトプットは、大きく次の2つです。
　①　報告書
　②　知見/教訓

(2) 報告書
　「報告書」を書くために、テストマネージャーは、終了基準の達成度合いを確認するとともに、テストサマリーレポートを、収集した情報にもとづいて準備しステークホルダーに提出する必要があります。

　このとき、特に重要となるのが「未解決問題」に対するテストマネージャーの意見です。テストマネージャーは「わかっていること」、「わかっていないこと」、「リスク」の3点について事実をもとに正確に「報告書」に記載する必要

＊「KPT」はケプトと読み、活動の振り返りを行うときに、今後も続けたい良かったこと(Keep)と、発生した問題点(Problem)と、次に挑戦したいこと(Try)を出し合い、反省と次へのモチベーションアップを行う方法です。詳しい実施方法については、天野勝著『これだけ！KPT』(すばる舎)を参照してください。

があります。そして、さらにテストマネージャーとしての対応案についての意見を書きます。

(3) 知見/教訓

「テスト完了」プロセスでは、「報告書」の作成とは別に、「知見/教訓」を得るために振り返りを実施して、そのまとめを行います。

当該のテストで得た新しい知見をまとめて教訓を得るだけでなく、自動化スクリプトなどを再利用しやすいように資産化(その仕様やマニュアルの整備などを)して、さらに、今後取り組みたいこと・取り組むべきことを話し合い、上手くいかなかった原因を探り、対策を打ちます。

p.41

1.4.9 テスト作業成果物とトレーサビリティ

(1) テスト作業成果物

これまで、テストプロセスの各サブプロセス(計画、管理、分析、設計、実装、実行、完了)の説明の中で、各サブプロセスの「出力(アウトプット)」について説明してきました。

それぞれの「出力」のことをここでは「テスト作業成果物」と呼んでいます。

WBS(Work Breakdown Structure)と同じなのですが、プロセスはタスクの流れも大切ですが、アウトプットの流れを明確にすると良い結果につながります。

テスト作業成果物のガイドラインとしては、ソフトウェアテストの国際標準であるISO/IEC/IEEE 29119-3の使用をお勧めします。

(2) トレーサビリティをとることの重要性

ここでいうトレーサビリティとは、前述した「テスト作業成果物」がどういうタスク(経路)を経てつくられたのかを追跡できる仕組みのことです。

DSM(Dependency Structure Matrix、または Design Structure Matrix：依存関係マトリクス)を使って［分析］と［設計］の間、［設計］の［実装］の間

の依存関係を表にまとめて、表を連結することで、［分析］と［設計］と［実装］のトレーサビリティを明らかにし、ソフトウェアのどこかに変更が加わったときに変更箇所とのトレーサビリティ情報をもとに影響分析を行うといったことが行われるようになります。DSMよりもトレーサビリティマトリクスと呼んでいる組織のほうが多いかもしれません。

(3) トレーサビリティをとるときの留意点

トレーサビリティ自体は何も難しいことはありません。何かから何かをつくるわけですから、何かをつくるときに何から（どの情報）つくったのかの情報を残せばよいだけだからです。ただし、双方向に依存情報を残すか、DSMなどのマトリクスを作成するかなどの細かい課題はあります。

何から何をつくったかの情報はPFD（Process Flow Diagram）にまとめておくとわかりやすいです。最初のうちは「めんどくさい」と思うかもしれませんが、必要性に納得していれば、すぐに慣れます。

また、テスト条件、テストケース、テスト手順書のトレーサビリティは、これらのドキュメントのレビューを容易にし、テストの抜け漏れ防止に寄与します。

1.5　テストの心理学

p.43

(1) 人の心理とテスト（事実）

テキストには3つの事実が示されています。

① 欠陥や故障を見つけることは、開発担当者に対する非難と解釈されることがある。

② テストからの情報は悪いニュースを含んでいることが多い。

③ テストは、破壊的な活動と見られる場合がある。

これを読んで、まずは、「テストは開発者からよく思われていない仕事」であることを「事実」として受け止める必要があります。「テスト＝悪い仕事」

といっているわけではありません。また、「ウチのチームはそんなことないし、仲いいよ」という人もいると思います。でもそれは、大きな努力をした結果の姿なのかもしれません。

上記①について補足すると、自分がつくったものは、分身のような愛着感があり、それの問題点を指摘されると自分に対する非難と受け取ってしまいがちということです。

上記②について補足すると、「不具合管理システム」はあっても「グッド・ポイント管理システム」はなく、たとえテスト中にテスト担当者が「こんな複雑なソフトウェアをつくれるなんて、あなたは魔法使いか！」と思っても、その感想が開発者に伝わることは滅多にありません。お互い様で、逆も同様です。バグの報告を受けた開発担当者が「よく、そんなバグ見つけたね。ありがとう」と舌を巻き、感謝するようなことはほとんどないでしょう。

上記③について補足すると、開発者も、コーディング後にテストをする（TDD ではコーディング前にテストをつくります）のですが、その多くは「ユースケースの基本フローが通るテスト」だったり、「いわゆる正常系のテスト」だったりといった「仕様どおりに動くことを確認するテスト」です。

一方でテスト担当者は、そのようなタイプのテストは済んでいるとの前提でテストをしますから、「ユースケースの代替フローや例外フローのテスト」だったり、「いわゆる異常系のテスト」だったり、「テストデータのバリエーションを振らせ、コーナーケースを入力として与える意地悪なテスト」だったりします。

これらの試練に耐えて初めて、さまざまなユーザーからの使われ方に応えられると信じているからです。

ところが、これらのテストは開発担当者にとっては、分身であるわが子（プログラム）がボコボコに袋叩きに遭っている気がするのでしょう。その気持ちもわかります。

テキストでは、「これらの心理的傾向を軽減するために、欠陥や故障に関する情報を建設的な方法で伝える。」とまとめています。

　建設的とは、「物事を肯定しつつ、現状から良くしていこう」ということです。バグ報告に当てはめて考えれば、「（プロダクトの品質を）良くしていこう」という姿勢で伝えるということです。

（2）テスト担当者と開発担当者との関係（対処法）

「事実」を確認したところで、次に「対処法」です。テキストには４つの対処法が載っています。

　　①　対決ではなく、協調姿勢

　　②　テストの利点を強調

　　③　欠陥を作り込んだ担当者を非難しない。

　　④　他人の気持ちや、他人が情報に対して否定的に反応した理由を理解するように努力する。

　特に、Q&A シートなどを使用して文書のみでやり取りをしていると、お互い、「組織を背負った公式見解」のやり取りになりがちです。それ自体は、正式な記録がきちんと残るという点で、悪いことではないのですが、「これは、そちらの役割です」といった不毛な押し付け合いが発生しているケースも多々あります。一度会って、お互いの仕事を理解しあえば、その後は文書でも上手くいくことが多いものです。

　人の心理は複雑ですので、なかなか理屈どおりにはいきません。「相手を尊重する」、「事実をもとに進める」、「活動の目的を何度も確認し合う」などの守ったほうが良いことを日々の仕事の中でほんの少し意識してみることが大切なのではないでしょうか。

1.6　行動規範

pp.44-47

（1）行動規範の目的

　テキストには、行動規範が必要な理由として「機密情報を知る場合がある」ことが書かれています。機密情報を知ったときにどういう行動をとるべきなの

か、その行動の基準となる原理・原則がまとまったものが「行動規範」です
（読むとそれだけではないのですが）。

　大きく一言でいうなら、「真・善・美」という普遍的な価値観に則った行動
をしましょうということです。

- 真：学問や知性として正しいこと
- 善：道徳的に正しいこと
- 美：芸術や感性の理想の姿

(2) 行動規範

具体的な行動規範は JSTQB のウェブサイトに掲載されています。

http://www.jstqb.jp/syllabus.html#ethics

第2章
ソフトウェア開発ライフサイクル全体を通してのテスト

　本章は、「ASTER セミナー標準テキスト」の 48〜69 ページについての解説です。ここでは、ソフトウェア開発全体におけるテストの位置づけや役割の概要を説明します。

2.1　ソフトウェア開発ライフサイクルモデル

2.1.1　ソフトウェア開発における工程別の費用

p.50

(1) 各工程でのコスト

　リリース後の「運用と保守」の工程に最もお金がかかることは、皆さん実感されていることと思います。

　テキスト(図 2.1)でも、1 の要件定義から 5 のテストまでのコストが 33% で、残りの 67% のコストが 6 の運用と保守になっています。しかしながら、一般にソフトウェアの開発費といった場合には、運用や保守にかかる費用は含みません。

　そこで、テキストでは「運用と保守」を除いた割合の列を作成し、そのデータを円グラフ化しています。円グラフを見ると、「テスト工程が開発費の 46%

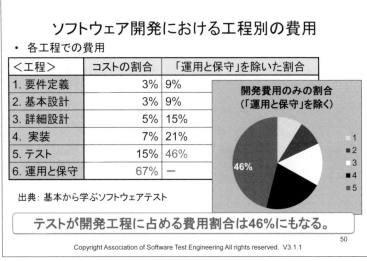

出典）「ASTER セミナー標準テキスト」、p.50

図 2.1　ソフトウェア開発における工程別の費用

を占めている」ことがわかります。

(2) テストにかけるコスト

　「テストにどのくらいコストをかけたらよいのですか？」というご質問を受けることがあります。「テストの予算は、売上の 2% を目標にしてください」と答えることが多いです。売上が 1 兆円ならテスト部門の年度予算は 200 億円という目安です。

p.51

2.1.2　テストの前倒し

　テストの 7 原則の原則 3「早期テストで時間とコストを節約」(**1.3 節**を参照)が威力を発揮します。

　テストの前倒しには、「静的テスト活動の前倒しと動的テスト活動の前倒しの両方があること」に注意しましょう。レビューや静的解析ツールを使う話で

はないということです。

（1）動的テストの前倒し

1つ目は、動的テストに対する施策です。

テキストでいう Shift Left とは、「テストを『テスト設計』と『テスト実施（実装、実行）』に分けて『テスト設計』を前倒しで行うこと」です。

まず、一口に Shift Left といってもいろいろなタイプがあります。Wikipedia の "Shift-left_testing" では、"Traditional"、"Incremental"、"Agile/DevOps"、"Model-based shift-left testing" の4つのタイプが紹介されています。

V字モデル（**2.2.1 項を参照**）の右半分のテスト工程の、その中でさらに右側にあるシステムテストで行っていたことを統合テストに移していくタイプのものもあれば、アジャイル開発で一つの V を多数のスプリントに分けるタイプのもの、TDD（テスト駆動型開発）のようなタイプのものなど、さまざまな Shift Left があるということです。ですから、Shift Left という言葉を聞いたときには、発言した人が何を考えているかを探ることが大切です。

「Shift Left」と「レビューおよび静的解析ツール」の実現にあたっては、全体のスケジュールや期待する開発中間成果物の書き方が変わってきます。したがって、開発者やプロジェクトマネージャーの協力が欠かせません。

（2）レビューや静的解析の実施

2つ目は、レビューや静的解析を実施することによって、欠陥の早期検出を行う「静的テスト」に対する施策です。静的テストは、欠陥の早期検出に非常に有効です（トータルコストも安く済みます）。

なお、SWEBOK や ISO 規格を始め、一般的にはテストとレビューは別物として取り扱いますが、JSTQB では、「レビューや静的解析ツールの活用」を「静的テスト」と呼んで、テストの一種と位置づけており、またテストの前倒しの例として挙げています。

2.2 テストレベル

pp.53-54

2.2.1 Ｖ字モデルとテストレベル

(1) テストレベルとは

テストレベルについて、JSTQB用語集(Ver1.1)では、「系統的にまとめ、管理していくテストの活動のグループ。各テストレベルはプロジェクトの特定の責務と対応付けができる。テストレベルの例には、コンポーネントテスト、統合テスト、システムテスト、受け入れテストがある。[After TMap]」と定義しています。要するに**開発活動に対応したテストのまとまり**のことです。

テキストの図を掲載します(**図2.2**)。

Ｖ字モデルとは、ウォーターフォールモデルを実装のところで折り曲げて、開発工程をＶ字の左側に、テスト工程をＶ字の右側に配置したプロセスモデ

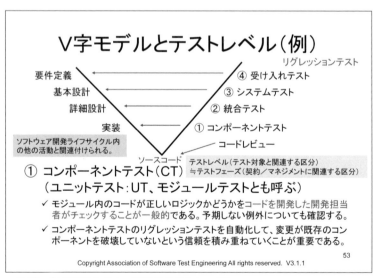

出典) 「ASTERセミナー標準テキスト」、p.53

図2.2　Ｖ字モデルとテストレベル(例)

ルのことです。**図2.2**のとおりですが、一番下の「ソースコード」は、普通は描きません。そもそもソースコードは実装の成果物なので、アクティビティと並べて書くのは違和感があります。

また一般にV字モデルに、**図2.2**のような矢線は描きませんが、テキストでは対応する開発工程がわかりやすいように描いてあります。開発工程とテスト工程の対応をモデル化しているのがV字モデルです。

ところで、この図ではテストレベルは①〜④の4つ描いてありますが、4つに限った話ではなく、開発プロセスや開発組織形態によって変わります。例えば、「統合テスト」を「ITa（内部統合テスト）」と「ITb（外部統合テスト）」に分けているケースをよく見ます。

以下では、①〜④のそれぞれのテストについて説明します。

(2) コンポーネントテストとは

コンポーネントテストとは、JSTQBの用語集では「個々のハードウェアまたはソフトウェアコンポーネントに焦点を当てたテストレベル。」と定義されています。組織によってはユニットテストと呼んだり、単体テストと呼んだり、モジュールテストと呼んだりします。いずれも同じものの別名と考えて差し支えありません。

コンポーネントテストは、テキストにあるとおり、「コードを開発した開発担当者本人がチェックすることが一般的」です。ここで、大切なことは「プログラミングした本人がチェックする」点です。他のテストレベルでは本人かどうかは問いません（他のテストレベルでは、本人でないほうが客観的にテストできるメリットがあります）。

筆者が推奨する方法は、「開発者が自信をもって大丈夫と思えるまでテストする」ことです。カバレッジの測定は不要ですし、テストケースは残しませんし、バグ票の起票も不要です。

あえていうなら、TDDにより、コンポーネントテストは自動化することを強くお勧めしています。デイリービルド時に自動的にテストを実行すると、し

くじったときに、すぐに気がつくことができるからです。

さらに、コンポーネントテストでバグが見つかったら、バグを再現させる自動テストコードを追加してからデバッグするとよいでしょう。

テスト方法ですが、特に決まりは設けません。とにかく出来栄えに不安があるところについて、その不安がなくなるまでテストすれば OK です。不安の解消のために制御フローパスカバレッジや複雑度を計測してもよいし、しなくてもかまいません。原因結果グラフ*を覚えて TDD に盛り込めば強力なテストが完成しますが、開発者本人が必要と思うまでしなくてかまいません。

繰り返しますが、大切なのは、プログラミングした開発者本人が、「これで**大丈夫だ**」と自信をもてるまでチェックすることです。テストの出来栄えは DDP(Defect Detection Percentage:欠陥検出率)の観点で、コンポーネントテストでバグの総数の 85% を検出できているかどうかで評価します。95% など、多すぎるときには、過剰テストの疑いがあります。そのときには、特別な原因がないか分析します。逆に、60% あたりだと、そのあとの統合テストが大変になります。

(3) 統合テスト

統合テスト(Integration Test:IT)とは、別々に開発・テスト、あるいは購入してきたものを統合して、相互処理(やり取り)とインターフェースに焦点を当てたテストをすることです。

統合テストは、統合する対象によって呼び方が変わります。コンポーネントを統合したテストなら「コンポーネント統合テスト」と呼びますし、システムを統合したテストなら「システム統合テスト」と呼びます。

(4) システムテスト

テスターにとって一番馴染み深いテストレベルはシステムテストだと思いま

---

*原因結果グラフとは、ソフトウェアのテストで利用するブールグラフのことです。詳しくは、拙著『ソフトウェアテスト技法ドリル』(日科技連出版社)をご覧ください。

す。テスト対象の製品やサービスが一応完成して、ドライバやスタブやシミュレーターではなく本物がそろった状態で、「いよいよ、**ユーザーの視点から機能や非機能のテストをするぞ**」というのがシステムテスト（System Test：ST）です。

システムテストで確認することは、「機能的/非機能的振る舞いが設計および仕様どおりであることの検証（Verification）」と「期待どおりに動作することの妥当性確認（Validation）」です。

「システム」の定義もいろいろありますが、「システムとは、ユーザーのニーズと現状のギャップを埋めるもの」という定義がしっくりきます。

例えば、「今年のゴールデンウィークは旅行ができないけど、おじいちゃんやおばあちゃんに孫の成長を知らせ、コミュニケーションをとらせたい」というニーズがあったときに、それが叶えられている状態と叶えられる前の状態（現状）とのギャップを埋めるものがシステムという考え方です。

この例では、ギャップを埋めるものは、電話かもしれないし、Zoom かもしれません。筆者は、それら（電話や Zoom）をシステムと捉えて「**これからシステムテストで、どうやってギャップをテストしようか？**」と考え直すことをしています。

(5) 受け入れテスト

受け入れテスト（User Acceptance Test：UAT）では、システムテスト以上に、（ニーズへの）妥当性確認に焦点が置かれます。業務システムであれば、「実際に業務が回るのか」を確認します。

なお、受け入れテストで不具合が検出された場合は、修正するよりも回避策を探したり、機能を使えないようにしたりして、その機能については、次回リリースに先送りすることを考えます。なぜなら、バグゼロが目的ではなく、お客様が受け取る価値の最大化が目的だからです。逆に、価値を与えることができなければ、受け入れテストを中止し、やり直しとなります。

2.3 テストタイプ

2.3.1 テストタイプ

「テストタイプ」は、「テストレベル」と同様に、テストのまとまりのことです。テストレベルが対応する開発活動に対するテストのまとまりだったのに対して、テストタイプは、「テストの目的(テスト対象の特性)」に着目したまとまりです。

一般的には、「テストレベル」と「テストタイプ」を使って、テストの全体像を描くことが多いものです。「テストレベル」と「テストタイプ」は独立した概念なので、テストの全体像を一枚にまとめるときに、表や木構造にしやすいという利点があります。

(1) 段階的プロジェクト計画法(PPP)

一つのプロジェクトをフェーズに分けるというアイデアは、1960年代のアポロ計画が始まりだと思われます。そこでは、段階的プロジェクト計画法(Phased Project Planning：PPP)と呼ばれ、ウォーターフォールモデルは、この進化系だと考えられています。

PPPは、各フェーズを確実に実施する*という点で優れており、アポロ計画を成功に導いた要因の一つといわれています。しかし、フェーズが直列(あるフェーズが終わらないと次のフェーズに進めない)であることが玉に瑕でした。つまり、一番進捗が遅れているサブシステムに引きずられて、早く進んだサブシステムには手待ちが発生します。その結果として、全体の開発期間が長くなりがちでした。

＊通常はフェーズゲート(関所)を設けて、次のフェーズに移ってよいかどうか審議することによってプロジェクトを確実に一歩ずつ進めることができた。

(2) テストタイプにおける「テストの目的」

テストタイプでいう「テストの目的」とは、「欠陥を検出する」、「品質レベルを示す」、「欠陥の作り込みを防止する」といった大きな目的のことではなく、「○○という品質特性を確認する」というテストケースを実行する目的のことです。「機能(という特性)を評価することが目的」のテストのまとまりのことを「機能テスト(タイプ)」と呼び、「性能(特性)を評価する」のは「性能テスト」です。

このように○○の部分は特性です。特性に抜け漏れがあると、その分ごっそりとテストも抜け漏れが生じます。そこで ISO/IEC 25010(JIS X 25010)で公開されている品質特性を用いて、そこから必要なものを抜き出し、アレンジして決めることが多いです。

(3) 代表的なテストタイプ

以下に、4つの代表的なテストタイプについて説明します。

(a)　機能テスト

機能テストは一番わかりやすいと思われがちですが、いろいろな定義があります。また、組合せテストや状態遷移テストやシナリオテストも機能テストの一部と考えている人が多いようです。したがって、機能テストを考えるときには、まずは「機能」について意識を合わせる必要があります。

「機能とは何ですか?」と質問したときに多い回答は、「入力→処理→出力のセット」、あるいは「目的を実現するための手段」という答えです。

筆者は、「機能=働き」と考えています。「動き」ではなく「働き」とニンベンを付けて、「**人の役に立つ動き**」ということを表しています。ですから、機能テストをしているときには、「この振る舞いは仕様書に書いてあるとおりかな?」をチェックするのはもちろんなのですが、「**この動きで人の役に立つかな**?」と考えながらテストをしています。

機能テストについては、**2.3.3 項**で詳しく説明します。

（b） 非機能テスト

　非機能テストでは、「システム（機能）がどのように振る舞うか」をテストします。機能が動くようになったとしても、とても遅かったり、すぐに落ちてしまったりすると、その機能は実用に耐えず、人の役に立ちません。機能テストの中で同時に非機能についても確認できれば効率的なのですが、機能テストでは「仕様書に書いてある動きのとおりか？」の確認が中心となってしまいますので、非機能の評価が不足しがちです。

　また、非機能の評価には、さまざまな経験や専門知識が必要となります。初めて体験する種類のソフトウェアのテストでは、少しぐらい変に思ったとしても、「こんなものかもなぁ」と見逃してしまうことがあります。だからテストタイプとして分けて、それぞれの特性評価の専門家を育成することがよく行われています。

　非機能テストについては、**2.3.4 項**で詳しく説明します。

（c） ホワイトボックステスト

　システムの内部を知らないブラックボックステストに対して、内部構造の分析にもとづくテストをホワイトボックステストと呼びます。このテストは、主にコンポーネントテストレベルで、開発者本人が実施します。

　ホワイトボックステストについては、**2.3.5 項**で詳しく説明します。

（d） 変更部分のテスト

　バグ修正や機能追加などに対してのテストもテストタイプの仲間です。

　テストタイプにはさまざまなものがあります。大きな意味で、テスト組織の経験とノウハウの結晶です。開発組織が異なると、同じ名前のテストタイプが別のものを指していることがあります。ですから、作成したテストケースがテストタイプに合っているかレビューしましょう。

　変更部分のテストについては、**2.3.6 項**で詳しく説明します。

2.3.2 品質特性

p.57

品質特性というと、「キュー・イチ・ニー・ロクの『キシシコホイ』*でしょ」と言う方が多いので、ここでは「品質特性」そのものの話を中心に説明します。

(1) 品質特性とは

まず、品質とは何かについて復習します（詳しくは 1.2.3 項を参照）。

JIS Z 8101：1981（品質管理用語）では「品物又はサービスが、使用目的を満たしているかどうかを決定するための評価の対象となる固有の性質・性能の全体。」と定義しています。ここでいう「評価の対象となる固有の性質・性能」が、ソフトウェア品質特性の定義の中にある「品質属性」です。そして「品質属性」(quality attribute)をカテゴライズしたものを「品質特性」(quality characteristic)と呼びます。

図 2.3 に示すとおり、ISO/IEC 25010：2011 の品質特性は、「主特性」を「副特性」に分解し階層化したモデルとなっています。

(2) 品質特性はいかにして生まれたのか

品質特性を「品質のモデル」と思っている方々もいるかもしれませんが、前述のとおり品質特性は「品質属性のモデル」です。品質属性とは、評価の対象となる固有の性質・性能であり、測定できるものなので評価できます。

ソフトウェアにおける複数の特徴とは何なのか？　何と何と何と何…によって品質は決まるのか？　ベーム(Boehm)を始めとするさまざまな人々が、さまざまなモデルをつくりました（品質属性の抽象化をしました）。

ここで、さまざまなモデルと述べましたが、例えば、商品購入者が、商品 A と商品 B の品質を比較したいときには、企業ごとにばらばらな品質モデル

＊キュー・イチ・ニー・ロクの「キシシコホイ」とは、ISO/IEC 9126-1：2001（JIS X 0129-1：2003）という国際標準の「外部及び内部品質のための品質モデル」の6つの主特性である、「機能性」、「信頼性」、「使用性」、「効率性」、「保守性」、「移植性」の読みの1文字目を並べた語呂合わせです。

で商品を評価した結果を読むよりも、同じモデルを使用した評価結果を読むほうが用語と品質特性の概念が統一されますので、容易に比較できます。そこで、国際標準をつくろうということになり、ベームの階層型品質モデルなど、複数のモデルをもとに、ISO/IEC 9126 が 1991 年に発行されました。そして、10 年後の 2001 年に、ISO/IEC 9126-1 として改訂され、さらに 10 年後の 2011 年に、ISO/IEC 25000 シリーズの 25010 として改訂されました。

(3)「利用時の品質」と「データ品質」

図 2.3 は「システム／ソフトウェア製品品質」ですが、これ以外にも、「利用時の品質」と「データ品質」もモデル化されています。例えば、カーナビの地図情報（マップデータ）はデータですが、どういう特性を測ればよい地図情報といえるのか知りたいですよね。

ISO/IEC 25010 ではデータの品質特性として、正確性、完全性、一貫性、信

図 2.3 システム／ソフトウェア製品の品質モデル

ぴょう性、最新性、アクセシビリティ、標準適合性、機密性、効率性、精度、追跡可能性、理解性、可用性、移植性、回復性が列挙されています。

(4) 品質特性をテストタイプに置き換える

ここまで品質特性について見てきましたが、テストタイプは、これらの品質特性の主特性、副特性をテスト対象の言葉に置き換えてつくります。主特性や副特性をテストタイプ名にしてもかまいませんが、計測方法については、そのまま使うのではなく、必ず「自分のソフトウェアでいうと○○だな」と**置き換えてから、計測方法と目標値を決めます**。また、決めた内容に対して、関係者でレビューし、合意することが大切です。

なぜなら、品質特性の間には、「あちらを立てると、こちらが立たず」というトレードオフの関係になる特性があるからです。例えば、「セキュリティという品質特性を向上するためには、使用性という品質特性を落とさなければならない」などです。これらについて、適切なバランスで目標値を決める(トレードオフする)ことが必要なのです。

2.3.3 機能テスト

p.58

ここでは、機能テストの4つのポイントについて順に説明します。

① システムが実行する機能を評価する。

このポイントには、「機能=システムが「何を」すべきか」という補足があります。

JSTQBでいう「機能テスト」の定義をまとめると、「システムが『何を』すべきかを評価すること」となります。ここで、「何を」という部分は、非機能テストの定義である「システムが『どのように』振る舞うかを評価すること」の「どのように」に対応しています。つまり、機能テストは「何をすべきか」を評価するテストで、非機能テストは「どのように振る舞うか」を評価するテストなのです。

機能について「機能＝働き」と定義すれば、**機能テストでは、「その動きは人の役に立っているか？」を評価する**ことになります。終盤のテストレベルでは「お客様や社会に価値を提供できているか？」にテストの焦点を移していきますので、「何をすべきか」について、「仕様書に記載されているとおり」から「人の役に立つか」へ目線を移していきます。

② すべてのテストレベルで行うべきである。

各テストレベルにおける機能についてのテストは、次のようなものだと考えている方々も多いかもしれません。

- コンポーネントテスト：機能テストは実施せず。
- 統合テストレベル：単機能テスト(もしくは IT の最後に実施する)
- システムテストレベル：組合せテスト、ユースケーステスト
- 受け入れテストレベル：実運用の環境下で動作するかをテストする。

実際のところ、こんな感じでテストをしている組織は多いです。

テキストに書かれている「すべてのテストレベルで**行うべき**である。」も、「すべてのテストレベルで**行えないか**を**検討すべき**である。」ぐらいのニュアンスではないかと思います。

「機能テストは、すべてのテストレベルで行うべき」の具体例ですが、シラバスのコンポーネントテストレベルのところでは、「コンポーネントテストの時に、演算機能に対して、『計算結果が正しいこと』を機能テストする」とあります。

このように、コンポーネントテストの際に機能テストを実施できることがあるのならば早期に実施すべきだ、と筆者も思います。ただ、計算結果のように、合否を簡単に判定できる機能ばかりではないのと、コンポーネント単独で確認できない機能も多いものです。

③ ソフトウェアの振る舞いが関心事であり、テスト条件やテストケースをブラックボックス技法で導出できる。

　システムが「どのように」振る舞うかについて確認するテストタイプは、機能テストではなく、非機能テストです。ここでいう「振る舞い」はbehaviorの訳で、「(ソフトウェアの)挙動」という意味です。

　ブラックボックス技法は、入出力だけに着目し、内部構造やアルゴリズムなどは感知せずにテスト設計を行うテスト技法のことです。機能の処理をブラックボックスと捉えてテストケースを作成します。

　ここで、機能は、「〜を〜する」と書くことができることに注意しましょう。逆にいえば、仕様書から「〜する」という動詞を探し、その目的語を同時に見つけられれば、「〈目的語〉を〈動詞〉する」というように、機能を見つけられます。

> ④　機能カバレッジを用いてテストが十分かを計測できる。

　機能カバレッジとは、要件リストにある機能とテストケースとのトレーサビリティをとっておくことによって、機能がどれだけテストされ、合格したかをパーセンテージで表現することです。

　「どこまで深くテストするか」といった場合は、ある一つの機能のテストの十分性を指していますが、ポイントにある「機能カバレッジを用いてテストが十分か」とは、テスト対象全体に対する機能テストの十分性の計測の話です。

　機能テストは、すべてのテストの中心となる重要なものです。しかし、**仕様どおりに動いても利用者に価値を与えなければそのシステムには意味がない**、ということに常に注意が必要です。

　さて、このときに、「仕様は価値を与えることの確認(レビュー)がしっかりと行われているもの」という前提に立てば、仕様が正しく実装されたかの「機能テスト」の合否でほとんどの評価が完了したと楽観的に考えることもできます。

　また、「徹底的に機能について考えて作り込みを行えば、システムに無駄な実装や無駄な振る舞いはなくなる。つまり、機能の品質を追求すれば、パフォーマンスや操作性などの非機能の品質も向上しているはずで、価値のあるもの

ができている」という品質工学の示唆もあります。

2.3.4　非機能テスト

pp.59–63

（1）非機能テストのポイント

ここでは、非機能テストの3つのポイントについて順に説明します。

> ①　システムやソフトウェアの使用性、性能効率性、セキュリティといっ
> た特性を評価する。

このポイントには、「非機能＝システムが「どのように」振る舞うか」とい
う補足があります。

JSTQBでいう「非機能テスト」の定義をまとめると、「非機能テストとは、
（システムが）『どのように』（上手く…"how well"…振る舞うか）を評価するこ
と」となります。

品質特性には「機能適合性」もあるのですが、その評価は前項で説明した機
能テストで行うので、非機能テストはそれ以外の品質特性（ISO/IEC 25010を
用いることが多い）の属性のテストということです。

> ②　テスト条件やテストケースを抽出するために、ブラックボックス技法
> を使う場合がある。

非機能テストでも「何をテストするか」、つまりテスト分析を実施して、テ
スト条件を識別し、テスト設計してテストケースを作成するという進め方がベ
ターです。そして、テスト条件の識別やテストケースの作成時には、機能テス
トと同じブラックボックス技法を使う場合があるということです。

ここでもテスト設計技法も同様に使用できます。例えば、どこまで、ストレ
スをかけるかを決めるときにブラックボックステスト技法の一つである境界値
分析の考え方が役に立ちます。

> ③　非機能カバレッジを用いてテストが十分かを計測できる。

テスト条件を挙げるときに、きちんと分析して、みんながその結果に納得していれば、テストが十分なところ、不十分なところの情報を共有できているといえます。

残念ながら完璧な非機能テストの方法はありません。仮に完璧な方法があったとしてもその方法を使う人が完璧でなければ、テスト条件のすべてを列挙することはできません。

(2) セキュリティテストと信頼性テスト

「セキュリティ」も「信頼性」も、ISO/IEC 25010 の「システム／ソフトウェア製品の品質モデル」主特性です。

(a) セキュリティテスト

「セキュリティテスト(タイプ)」では、セキュリティ機能についてのテストではないことに注意してください。セキュリティの機能が仕様どおりに動くかどうかのテストではなく、システムやソフトウェアのセキュリティの脆弱性の度合いに対してテストして、その合否を判定します。

(b) 信頼性テスト

ハードウェアは、部品の経年劣化や摩耗などの内乱によって、徐々に期待される機能を発揮できなくなり、信頼性が低下します。車や自転車の故障を思い浮かべてもらうとわかりやすいのではないでしょうか。それはランダム故障と呼ばれ、確率分布にもとづき統計的に取り扱うことが可能です。

ところが、ソフトウェアには内乱はありません。ソフトウェアの故障は、新品のソフトウェアでも発生します。それは、ソフトウェアの設計ミスやうっかりミスによる欠陥が使用条件(他にも利用環境の変化やセキュリティ攻撃などもあります)によって顕在化したものであり、ランダム故障ではなくシステマチック故障(もしくは決定論的故障、系統的故障)と呼ばれています。

(3) 効率性にかかわるテスト

テキスト(表2.1)には、「効率性」のテストタイプが示されています。

ISO/IEC 9126では「効率性」が主特性で、その下に「時間効率性」と「資源効率性」の2つの副特性がありました。現在のISO/IEC 25010では、「性能効率性」が主特性で、その下に「時間効率性」、「資源効率性」、「容量満足性」の3つの副特性があります。効率性には、「時間効率」(簡単にいえば動作が速いこと)と、「資源効率」(CPU/メモリー/HDDなどのリソースを多く使わずに動くこと)の2つの側面があるということです。

もちろん、この2つには密接な関係(正の相関関係)があることが多く、一方を改善すれば、もう一方も良くなることが期待されます。

(4) 保守性テストと移植性テスト

テキストでは、「保守性テスト」と「移植性テスト」について表2.2のよう

表2.1 効率性にかかわるテスト

テストタイプ		概要
性能テスト (時間効率性のテスト)		コンポーネントまたはシステムが、ユーザやシステムの入力に対して指定した時間内に指定した条件で応答する能力に焦点を当てている。
	ロードテスト	現実的な負荷の想定に対するシステムの処理能力に焦点を当てている。
	ストレステスト	想定および指定した負荷の限界、および限界を超えた時、あるいはアクセス可能なコンピュータ能力や使用可能な帯域幅などのリソースの可用性が下がった時に、システムまたはコンポーネントが最大負荷を処理する能力に焦点を当てている。
	拡張性テスト	現在の要件を超えた将来の効率性要件を、システムが満たす能力に焦点を当てている。
資源効率性テスト		システム資源(メモリ、ディスク容量、ネットワーク帯域幅、コネクションなど)の使用状況を、事前に定義したベンチマークに対して評価する。

出典) 「ASTERセミナー標準テキスト」、p.61

表2.2　保守性テストと移植性テスト

テストタイプ	概要
保守性テスト	稼働中のシステムへの変更、または環境の変更が稼働中のシステムに与える影響をテストするために行う。
移植性テスト	ソフトウェアを目的の環境に、新規にあるいは既存環境から移植できる容易さに関連する。
設置性テスト	対象とする環境にソフトウェアをインストールするために使用するソフトウェアと、文書化された手順に対して行う。
共存性／互換性テスト	新規のあるいはアップグレードしたソフトウェアを、アプリケーションがすでにインストールされている環境に展開する場合、共存性/互換性テストを実行する必要がある。
環境適応性テスト	全ターゲット環境(ハードウェア、ソフトウェア、ミドルウェア、オペレーティングシステムなど)で所定のアプリケーションが正しく機能するかどうかを確認する。
置換性テスト	システム内のソフトウェアコンポーネントを他のコンポーネントに置換できる能力に焦点を当てる。

出典）「ASTER セミナー標準テキスト」、p.62

に説明しています。

　これらのテストでは、動的テストをするよりも、まずは、「**保守性と移植性について設計やコーディングに対する要求を明らかにする(定量的なメトリクスを明確にする)**」ことが大切です。

　なぜなら、保守性や移植性について開発者に明確な要求を出していない組織があまりに多いからです。レビューのチェックリストに入っていれば良いほうで、入っていても「コーディング規約順守率100%」とか「サイクロマチック複雑度 13 以下」といったあいまいなメトリクスをよく見かけます。

　要求が明らかになれば、あとは計測するだけなので比較的容易なテストです。

(5) 使用性テストとアクセシビリティテスト
「使用性テスト」や「アクセシビリティテスト」は「ユーザビリティテスト」

表2.3 使用性テストとアクセシビリティテスト

テストタイプ	概要
使用性テスト	ユーザがシステムを使用して、または使用する方法を習得して、特定の状況で特定のゴールに到達できるという、使いやすさをテストする。
アクセシビリティテスト	ソフトウェアの使用に際して特定のニーズまたは制限を持つユーザ向けに、ソフトウェアへのアクセシビリティを考慮する必要がある。

出典）「ASTER セミナー標準テキスト」、p.63

ともいわれます（表2.3）。

「使いやすさ」は、エンドユーザーがとても気にする品質特性ですから、テストする必要があります。しかし、テスト方法が確立されているとは言い難く、セキュリティテストと同様に外部の専門家に依頼してしまうほうがよいかもしれません。

非機能テストは、それぞれの組織で定番のテストタイプをもっているものです。もっていない場合は、マイヤーズの『ソフトウェア・テストの技法 第2版』（近代科学社）などに示されているものを参考につくります。また、非機能の網羅については、IPA の「非機能要求グレード」が非常に参考になります。

https://www.ipa.go.jp/sec/softwareengineering/reports/20130311.html

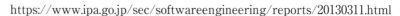

p.64

2.3.5 ホワイトボックステスト

(1) ホワイトボックステストのポイント

ホワイトボックステストの2つのポイントについて、順に説明します。

① システムの内部構造や実装にもとづいてテストを導出する。

ソフトウェアのコードや設計書をもとにテストをつくる方法です。そのほとんどはコンポーネントテストレベルで開発者本人によって実施されますが、構造情報をベースにつくるテストという意味では、「システムテストでワークフ

ローに対してそのパスを考えるテスト」も JSTQB ではホワイトボックスに分類されています。

　内部構造の例として、シラバスでは、コード、アーキテクチャー、ワークフロー、システム内のデータフローなどを挙げています。それぞれどのようなテストを行うかは次のとおりです。

- コードに対しては、「プログラムコードをどれだけ通ったか？」を調べながら、そのカバレッジ率を上げるようにソフトウェアを動かしてテストする方法が多く行われています。これを「制御フローテスト」と呼びます。

- アーキテクチャーに対しては、例えば、アーキテクチャーを表したシステムの構造図から、システムの構造のどこに、データの流れが集中するか、システムの弱点(ボトルネック)を見極めて、性能テスト実行時にそこに対して、集中して負荷をかけるようにします。

- ワークフローに対しては、ソースコードと同様に構造をもつので、ホワイトボックステストの技法が使えます。同様の意味で、ウェブページのリンク構造(リンク切れのテストなど)も JSTQB ではホワイトボックステストの範疇に分類されています。

- システム内のデータフローとは、データの一生、すなわち、定義(define)、使用(read/write)、消滅(delete)の流れであり、通常は静的解析ツールでテストします。

② 構造カバレッジを用いてテストが十分かを計測できる。

　構造そのものについては、要素と要素の関係を、丸と線でつないだものをイメージしてください。構造を丸と線、つまり節点と枝(頂点と辺、要素とリンク)で表現すると、数学のグラフ理論を用いて、節点や枝を構造的に網羅するパスをつくることができます。

　数学でいう「グラフ」*の網羅の仕方には、「すべての節点を通る」や「すべての枝を通る」などさまざまな基準を当てはめることができ、その基準に応じ

たテストを行うことで、テストの十分性を議論できるようになります。

(2) C1 カバレッジ 100% テストがもたらすもの

ホワイトボックステストの「制御フローテスト」において、「C1 カバレッジが 100% となるまでテストした」と胸を張る人や、「100% となるまでテストしたのに、その後の統合テストやシステムテストでたくさんバグが出た」とがっかりする人がいます。

「C1 カバレッジが 100% となるまでテストした」というのは、JSTQB の言い方に直せば「デシジョンテストをカバレッジ率が 100% となるまで実施した」ということです。

さて、苦労して C1 カバレッジが 100% となるまでテストしたのですから、品質はグンと向上し、バグは残っていないはずだと思いたいところですが、なかなかそうはいきません。実際に制御フローパスのカバレッジと品質の関係に疑問をもつ人は多いようです。

(3) 黒白どちらが先か

ちょっとふざけた見出しですが、「ブラックボックステストとホワイトボックステストはどちらから先に実施すべきか」についてです。

まず、2011 年度版のシラバスの 31 ページには、「構造テストの技法は、仕様ベースの技法を適用後に実施するのがよい。」と書いてありました。つまり、「ブラックボックステストを適用後にテスト実施の完全性を評価するためにホワイトボックステストを実施する」ことを推奨していました。しかし、2018 年度版のシラバスに、この記述がありません。

一般的には、プログラマーがプログラミング直後にホワイトボックステストを行うことが多いように思います。何を書いたか記憶が鮮明なうちにコードを

＊グラフとは、節点・頂点(node)と節点を結ぶ線・枝(edge)からなる図形のことです。線は、方向をもつ場合ともたない場合があり、前者を有向グラフ、後者を無向グラフと呼びます。例えば、状態遷移図は有向グラフです。

ベースにしたテストをするほうが効率的だからです。

　では、2011年度版のシラバスは間違いかというと、そういうことでもなくて、「自動でソースコードのカバレッジを計測しながらブラックボックステストを実施することで、ソースコードレベルでのテスト漏れの箇所を特定し、そこに対して、ホワイトボックステストを実施して補完する」というのは悪くないアイデアです。

　どちらで行うべきかはケースバイケースであって、検討する価値はあるように思います。

2.3.6　変更部分のテスト

pp.65-66

　変更部分のテストについては、報告した不具合が修正されたときに実施するテストの話がほとんどです。

　開発者がデバッグした結果(不具合修正済みのソフトウェア)を確認するテストは、「**確認テスト**」に加えて「**リグレッションテスト**」の**2段階**であることに注意してください。

(1) デバッグ結果に対するテスト

(a)　確認テスト

　報告した不具合が修正されたときには、まずは確認テストを行います。

　確認テストでは、「修正した欠陥により不合格となった全テストケースを再実行し、欠陥が確実に修正されたこと」を確認します。

　上記の「不合格となった全テストケースを再実行する」という記述は正しいです。でも一般的には、内容に重複がないようにテストケースをつくりますので、バグを見つけたテストケースを(1件)再実行して、バグが直っていることを確認することが多いと思います。

　テストの自動化を行っているのなら「確認テスト」を自動化して、「修正前のソフトウェアでバグが検出されること」と「修正後のソフトウェアでバグが検出されないこと」の両方をテストしてください。

コードの構成管理（バージョン管理）の操作ミスなどによって、修正前のコードがインテグレーションされ、直したはずのバグがゾンビのように復活し、リリースされてしまうことが無視できない頻度で発生します。構成管理ツールを使用すると発生頻度は少なくなりますが、不思議なことにゼロにはなりません。確認テストを自動化しておくと、このような問題を自動で検出できるので安心できます。

ところで、修正内容によってはバグを検出したテストケースに加えて新しくテストケースを追加することがあります。**確認テストの目的は、欠陥が確実に修正されたことの確認**ですので。この追加テストケースを確認テストに分類せずに、リグレッションテストに分類することもあります。筆者は「確認テスト＋リグレッションテスト」のことをリグレッションテストと呼んでいますので、どちらに分類すべきかについて深く考えたことがありません。どちらでもよいと思っています。

（b） リグレッションテスト

多くの日本の企業でリグレッションテストのことを「回帰テスト」と呼んでいます。シラバスでも 2011 年度版では、回帰テストでした。

リグレッションテストの方法を考えるときには「実施タイミング」、「自動化」、「テスト範囲」の 3 点を考慮することが大切です。以下にそれぞれのポイントを説明します。

㋐ 実施タイミング

テキストには次の 3 つの実施タイミングが挙げられています。

① ひとつの欠陥を修正したときに行う。
② 毎日 1 回行う（デイリービルド）。
③ 各テストレベルの最後にまとめて行う。

テストの自動化を行い、ビルドごとにすべてのテストを実行することがベストです。ですからこの 3 つのタイミングの中では、上記②がベストな解です。

すべてのテストを毎日実行すれば、プログラミングに失敗したことが翌日には開発者に伝わります。プログラマーも、前日プログラミングした部分に問題があるとわかっているなら、原因調査や修正が楽になります。

　もしも、デイリービルドとテストに時間が掛かることが問題なら、まずは、テストの動作環境であるハードウェアを増設し分散テストを行うことから検討します。機材の購入・増設が面倒なことはよくわかりますが、それでもまずはハードウェアから検討するのがセオリーです。

　時間がかかるからといって、自動テストコードを見直し、不要なテストケースを捨てるという対策を取りがちですが、本当に不要かどうかの判断が難しいのでお勧めしません。おまじないのような長時間待ちをする wait 文があったら、そのテストケースを最後に実行するなど、「単位時間当たりのテストケース実施数」を増やす試みをするとよいでしょう。

　なお、「ビルドごとにすべてのテストを実行することがベスト」とはいえ、自動化には技術と継続的にかかる自動スクリプトのメンテナンス工数がかかるので、どこでも簡単にとはいかず、リグレッションテストを手作業で行っているチームもまだまだ多いと思います。

　上記①と③の実施タイミングは、手動でリグレッションテストを実施する場合の話です。

　上記①のようにすれば、欠陥が確実に修正されたことを早く確認できて、開発者は安心できます。しかし、そのためには、**影響範囲を特定して、確実にリグレッションテスト対象のテストケースを見つける**必要があります。これは言うは易く行うは難しなのです。

　一方、上記③の場合は、すべてのテストケースを手動で行うことができるのですが、しなくてよい（欠陥修正の影響を受けていない部分の）テストケースを実行するという無駄が生じます。

⑷　自動化
リグレッションテストの自動化は、テストの自動化のなかで最初に検討すべ

きです。

　テスト自動化ツールは、日本でも 2000 年代に比べてとても安くなっています。一方で、一度選んだツールを別のツールに変えるというのは、思っている以上に大変なことです。

㈦　テスト範囲

　手動でリグレッションテストを行う場合で、かつ実施タイミングが「①ひとつの欠陥を修正したときに行う」ときには、既存のテストケースリストの中からどのテストケースをリグレッションテストとして実行するかを選ぶ必要があります。

　テキストには、「影響度分析により、修正による副作用や影響を受ける領域を識別する。」と説明されています。これを見て筆者は「言うのは簡単だよなぁ」と思ってしまいます。

　バグ修正による影響範囲は修正を行った開発者に聞くのが一番ですが、開発物のアーキテクチャーによっては、どこに影響が表れるのかわからない場合が多いものです。

　ソースコードを読み込み、コールグラフを生成することによって、修正の影響範囲を調べるツールもありますし、修正したソフトウェアが使っている変数やデータベースに着目して欠陥の伝搬を調べる方法も提唱されています。でも、たとえ、ツールを使用して影響度分析を実施したとしても、ソフトウェアの修正による影響範囲の検出を漏らさずに行うことは非常に難しいです。

　「変更部分のテスト」が必要である以上、リグレッションテストの自動化は避けられないように思います。James W. Grenning は「**テストを書く時間がないのではなく、テストを書かないから時間がなくなるのです**」と言いました。そのとおりだと思います。とはいえテストの自動化は、誰にでもできる簡単な仕事ではありませんし、自動化したテストスクリプトのメンテナンスは楽しい仕事でもありません。

経営者が意思決定して、全員で変わらないとうまく継続しません。

2.4　メンテナンス(保守)テスト

p.68

「変更部分のテスト」とロジック的には同じです。ただし、「変更部分のテスト」がテストタイプの一つとして取り扱われているのに対して「メンテナンステスト」はもっと大きな意味でのテスト(改修時のテスト)になります。

(1) メンテナンステスト

メンテナンステストでは、後述する影響度分析を行ってからリグレッションテストを行います。確認テストがないくらいで、**2.3.6 項**の「変更部分のテスト」とやることは大体同じです。

なお、テキストでは JSTQB に準拠し、「変更が正しく適用されていること」と、「変更していない部分での副作用」を確認すると説明していますが、筆者は 3 つに分けてテストしています。このほうが一般的な方法だと思います。

その 3 つとは、以下に説明する「母体(既存)」、「変更・追加」、「母体と変更・追加の組合せ」です。

(a)　母体(既存)のテスト

ここでいう母体とは、メンテナンスで手を加えていない既存部分を指します。変更・追加部分との関係がない(ことが期待されている)部分なので、既存の機能が正しく動作することを性能や信頼性などの非機能を含めてテストします。

ただし、一般的には、メンテナンステストに多くのテスト工数は割けません。したがって、メンテナンス活動が続いていくようなソフトウェアについては、始めから「テストの自動化」をしておくことが強く求められます。

自動テストがない、またはできない場合には、ユースケーステストの「基本フロー」のすべてをテストします。

(b) 変更・追加のテスト

このテストは、変更や新しく追加した部分のテストですから、通常のテストと同じように行います。ただし、変更・追加があったということは、今後も変更・追加があることが予想されますので、次回に備えて「テストの自動化」を実施します。

(c) 母体と変更・追加の組合せのテスト

このテストは、変更・追加部分が母体に悪影響を与えていないことを確認するテストで、リグレッションテストの中心となります。

見出しに「組合せ」と書いたとおり、直交表やオールペアなどの「組合せテスト」を実施します。広く、少ない工数でテストしたほうがよいので、因子の数はできるだけ多くし、禁則をなくし、各因子の水準は2つに絞るか、絞れなくてもできるだけ3つまでとします。

(2) 保守テストと保守性テスト

保守テストとは、システムに変更や追加などのメンテナンスが発生したときに実施するテストのことで、ここまで説明してきたテストのことです。一方、保守性テストとは、テスト対象の「保守性」について評価するテストのことです。したがって、新規開発時にも「保守性テスト」は行うことがあります。

ややこしいですが、ベン図を描くと**図2.4**のとおりです。

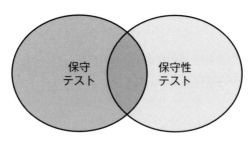

図2.4 保守テストと保守性テストのイメージ

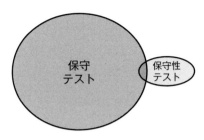

図2.5　保守テストと保守性テストにおけるテスト量のイメージ

　図2.4を見ると、両方するのは大変だなぁと思ってしまいますが、実際のテスト量は図2.5のイメージですので、ご安心ください。

(3) 派生開発におけるメンテナンス

　メンテナンスによる機能追加・変更は、派生開発ともいいます。派生開発は、新規開発と比較して開発工数が非常に小さいという特徴があります。

　つくるものが小さいので開発工数が少ないのは納得できるのですが、メンテナンスの副作用であるリグレッションを真面目にテストで保証しようとすると、非常に工数がかかります。例えば、機能追加によってデータの持ち方が変わったことによって、パフォーマンスがダウンすることがあります。しかし、パフォーマンスダウンは大クレームとなるため、非機能のテストは省略することが困難です。

　リグレッションがないことを確信するためにはテストが欠かせないのですが、開発工数が少ない中テスト工数が潤沢にあるとは考えられません。テストが自動化されている場合はよいのですが、そうでない場合は非常に苦労します。

　それを避けるために、メンテナンスについては甘く考えずに、要求の獲得からテスト担当者も参画し、テストの大変さについて意見を述べて理解を求める必要があります。具体的には、「その新機能の追加・変更をするのは、こんなに開発工数とテスト工数がかかります」と正しい見積りを伝えることが大切です。

　なお、メンテナンスを要求する方には、実現方法(機能の仕様)よりも、困っていることや新しくしたいことを話してもらえると、開発する側がもっと良い実現手段を提案できる場合があります。

第3章
静的テスト

本章は、「ASTER セミナー標準テキスト」の 71〜78 ページについて解説します。ここでは、静的テストの重要性と、静的テストの一種であるレビューについて説明します。

3.1　静的テストの基本

3.1.1　静的テストと動的テストの違い

p.72

　JSTQB が始まった当初（2005 年前後）、「静的テスト」は聞きなれない用語でした。「テストは操作して動かしてなんぼだろう」と思っていたからです。ところが JSTQB では、「レビュー」と「静的解析」は静的テストだといいます。確かに大きな意味で「品質を評価する技術」としてまとめることができるのですが、国際標準や各種 BOK（知識体系）でもテストとレビューは分けている以上、無理があるような気がしています。ただし、JSTQB が分けずに扱ったから、**レビューや静的解析について、テスト技術者に共通の土台となる知識が共有された**という良い側面があるとも思っています。

（1）静的テストと動的テストの違い

ここでは以下に述べる 3 点を押さえておきます。

① 静的テストと動的テストは補完関係にある。

レビューでは、要件と仕様を見比べることで仕様の抜け漏れを見つけることができます。ところが、動的テストでは、仕様の抜け漏れに気がつきにくいものです。なぜなら、動的テストは要件を読まずに、仕様書だけからテストケースをつくることがほとんどだからです。また、逆に、動かしてみればすぐわかる使用感は、仕様書のレビューではわかりにくいものです。このようなことを補完関係にあるといいます。ですから、**静的テストと動的テストを良いバランスで組み合わせる**ことが大切になります。

実務では市場に流出してしまった不具合に対して、静的テストと動的テストのどちらで検出すべきだったか（今後、どちらをどのように強化したらよいかについて）振り返るところから始めるとよいでしょう。

② 静的テストでは欠陥を直接見つけ、動的テストでは故障を見つける。

例えば、セキュリティの脆弱性は、静的解析ツールを用いて、ソースコードを解析して直接欠陥を検出するほうが簡単です。

③ 静的テスト＝レビュー＋静的解析

2011 年度版のシラバスではこの公式（「静的テスト技法」と技法名が明示されていました。「レビュー、静的解析、動的テスト」が同列の扱いでした）が前面に出ていたのですが、徐々に変わってきています。

（2）JSTQB の体系に対する違和感

筆者は、JSTQB の運営委員をしていますので、一応「内部の人」ですが、静的テストに対する違和感について本節の冒頭でも触れましたがもう少し詳しく述べます。

「静的テストと動的テスト」について、今のJSTQBの体系は、次のとおりで、テストの下位にレビューが位置づけられています。

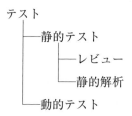

```
テスト
  ├─静的テスト
  │   ├─レビュー
  │   └─静的解析
  └─動的テスト
```

しかし、筆者は次に示す関係のようにテストとレビューは同格ではないかと考えています。

```
品質評価技術
  ├─テスト
  └─レビュー
品質確認手段
  ├─手動
  └─自動
```

現在のJSTQBでは、「静的テストは欠陥を見つけ、動的テストは故障を見つける」となっていますが、それではメモリーリークを見つけるツールやパフォーマンスのボトルネックを見つけるツールはどこに位置づけられるのだろうか、と考えてしまいます。

3.1.2　静的解析の効果と代表的な欠陥

p.73

　静的テストの一つである「静的解析」は、主に開発者が実施します。なぜなら、静的解析ツールの出力（エラーメッセージや警告）を理解するためにはプログラミング言語の知見が必要だからです。それもある程度経験を積み、かつソフトウェア工学の知識をもっている中級プログラマーレベルのスキルが求められます。

　テスト担当者が静的解析ツールの概要（特にメリット）を理解していれば、プロジェクトのふりかえりなどのタイミングで、開発者に「こういう静的解析ツ

ールがあるので試してみませんか？」と進言できます。

（1）静的解析の主な効果

まずは、「静的解析は欠陥検出の効果が高い」ことを理解しましょう。恐らく静的解析ツールのほとんどは、現場のプログラマーが自分の仕事の効率化のために開発してできたものだからだと思います。

ただし前述のとおり、使い方（大量に出力される解析結果のさばき方や見方）が難しいので、導入してすぐに役立つツールばかりではありません。メトリクス測定系のツールは、測定したメトリクスの解釈を誤らなければ、比較的容易に使いこなせると思います。なお、最近のツールはかなり良くなっていますので、まずはツールベンダーに試用版を提供してもらって実際のレビュー対象に使ってみるのが一番です。時間は有限ですので、「あるものは便利に使わせていただく」のが良いのです。

開発環境や使用しているプログラミング言語がマイナーなものでは、静的解析ツールの数が少ないかもしれませんが、有名どころのプログラミング言語で静的解析ツールが存在しないということはまずありません。

（2）静的解析ツールの実際

筆者が最初に使った静的解析ツールは Purify で、メモリーリークを見つけたり、パフォーマンスのボトルネックを見つけたりしてくれる優れものでした。しかし、バイナリーに割り込む形で動いていたためか、おそろしく遅くなって、本当に使いたかったところには、使い物にはならなかった記憶があります。次に使ったのは QAC で、主に開発部門で使ってもらいました。

その後、しばらく静的解析ツールから離れていたのですが、Lattix と Understand はリファクタリングに便利だなと思いました。

3.2 レビュープロセス

p.75

テキストのレビュープロセスの解説は、ISO/IEC 20246（JIS X 20246）という国際規格をベースに記述されています。

(1) レビュープロセスを適用するレビュータイプ

レビューにはウォークスルー、テクニカルレビュー、インスペクションといったレビュータイプがありますが、テキストにあるようなきちんとしたレビュープロセスを適用するのはインスペクションという正式なレビューだけです。レビュータイプとは、レビューの進め方の技術のことで、公式度、実施する目的、実施する内容により、実施方法は異なります。

個々人（レビューア）がレビュー対象を読み込んで指摘事項を見つける手法については「レビュー技法」あるいは「リーディング技法」と呼び、「レビュータイプ」とは分けて考えます。

(2) レビュープロセス

JSTQB のレビュープロセスは、「計画」、「レビューの開始」、「個々のレビュー」、「懸念事項の共有と分析」、「修正と報告」と5つのアクティビティに分かれています。以下に、それぞれについて説明します。

(a) 計画

まずはレビューの計画を立てます。誰もが「レビューは大切だ」と頭ではわかっています。またプロジェクトを開始するあたりのスケジュールに余裕があるころには、「レビューが大切」という意見に反対する人はいません。ところが、納期の余裕がなくなってくると、なおざりにされがちです。「レビューをしなければ、レビュー指摘もないので、このまま今の工程の納期を守ることができる」という悪魔のささやきも聞こえてきます。

経験を積んだ開発者なら、レビューしなかったことでうまくいかなかった経

験をしているはずなのですが、納期のプレッシャーは半端ではありません。ですから、「計画」をどう立てて、どうやってメンバーに意識づけるのかが大切です。

　具体的には、計画では、上位マネージャーのスケジュールをがっちり押さえて会場も決めて周知して、「レビューは品質向上のための重要な施策であり開発の重要なマイルストーンである」という認識を浸透させるようにします。それだけでうまくいくかと言われれば、それだけでは難しく、計画について常に意識して、しつこく守るという癖をつけるしかありません。

　レビューの計画で決めることは、レビューの範囲、開始・終了基準の定義、工数・時間の見積り、レビュー参加者の選定などです。

（b）　レビューの開始

　レビューの開始とは、キックオフイベントのことです。

　プロジェクトリーダーに今回のプロジェクトの特徴や重要性とレビューすることの本気度について語ってもらいます。このタイミングでレビュー対象（作業成果物）を配布して、何をして欲しいかの説明ができるとベストですが、タイミング的に難しいかもしれません。

（c）　個々のレビュー

　個々のレビューは、レビューの成果を大きく左右するもので、「欠陥」、「提案」、「質問」の3点をまとめます。

　未だにありがちなのは、前日ギリギリに作成したレビュー対象を、当日初見でレビューするレビュー会です。これで「良いレビューコメントを出せ」というのは無理があります。

　やはり、少なくとも3日前くらいにはレビュー対象を配布して、個々人で読み込んでくることが必要です。**各レビューアが、事前に配布された資料をしっかりと読み込み、レビューしてくるやり方に変えることは、大きな効果につながります。**

（d）　懸念事項の共有と分析

レビュー会の当日は、懸念事項の共有と分析に時間をかけます。具体的には、個々のレビュー結果を共有し、指摘のあった欠陥について議論、分析、オーナー（欠陥の担当者）の割り当てを行います。

また、個々人のレビュー結果は、機能要求・機能仕様に集中することが多いため、品質特性の評価についても促します。最後に、レビュー会そのもののメトリクス（レビュー時間、タイプ別指摘件数など）をまとめます。

（e）　修正と報告

レビュー会で対応すると決まったことについて、対応状況を追跡します。

レビュー指摘は不具合情報と違って、欠陥そのものの指摘ですので、例えば仕様書の誤字であればその場で修正してお終いにしがちです。そのような軽微なうっかりミスの修正であればそれでも良いのかもしれません。しかし、修正の影響範囲が広いものや、修正方法まではレビュー会で決められなかったもの、重要な欠陥で再発防止が必要なものについては、対応状況を追跡し欠陥管理を行う必要があります。

レビュー指摘事項については、そのすべてを不具合データベースやチケット管理システムにチケット登録することをお勧めします。

3.3　レビューの技術

レビューの技術には大きく「レビュータイプ」と「レビュー技法」があります。以下に、それぞれについて説明します。

3.3.1　レビュータイプ

p.76

レビュータイプとは、レビューの進め方のことです。それは、レビュータイプ別のプロセスの定義やお作法であり、**個々人がレビュー対象を読み込んでレビュー指摘を見つける方法**については、ほとんど触れていません。

　もしもレビュー指摘を見つける方法についての教育がなければ、レビューアの力量の差によって、レビューの成果がばらばらになります。いわゆる属人化が起こります。属人化自体は仕方がない側面もあるとは思いますが、一般的なレビューアの力量をエキスパートのレビューアに追いつかせる技術が文書化され形式知化されていないのは良い状況とはいえません。一方、どのような形態（進め方）のレビューがあるのかを知っておくことも大切です。それを知らないと適切な段階を経たレビューとはならないからです。

　そこで、まずはレビュータイプの違いを理解してください。

（1）非公式レビュー

　非公式レビューとは、バディチェック、ペアリング、ペアレビューなどのことです。

　非公式レビューの主な目的は、潜在的な欠陥の検出です。ここで、潜在的な欠陥とは、「欠陥である可能性をもつ箇所」という意味です。

　非公式レビューの進め方に決まりごとはありません。開発者が同僚（buddy）や身近にいる人に軽い相談をする方法が非公式レビューなのです。

（2）ウォークスルー

　ウォークスルーの主な目的は、「欠陥の発見」です。

　ウォークスルーは、チームの数名が集まって小さなミーティングスペースで行う検討会のようなもの（会議形式）です。非公式レビューよりも公式度が高く、作業成果物の作成者がミーティングを主導して、さまざまな技法やスタイルに関するアイデアの交換、参加者のトレーニング、合意の形成を行います。複数人で意見交換を行うことがウォークスルーの特徴です。

（3）テクニカルレビュー

　テクニカルレビューの主な目的は、「合意の獲得、潜在的な欠陥の検出」です。

テクニカルレビューでは、技術のエキスパートが参加し、ディスカッションによって、新しいアイデアの創出、作業成果物の改善、異なる実装方法の検討を行います。レビューアは、技術の専門家が行い、経験を積んだファシリテーターが主導するのが理想です。要するに、**技術面についてディスカッションする場**といえます。

(4) インスペクション

インスペクションは最も公式なレビューであり、主な目的は「潜在的な欠陥の検出」です。

インスペクションでは、モデレーターが議事を進行し、メトリクスも測定します。ルールやチェックリストにもとづくプロセスで進行し、形式に沿ってドキュメントを作成します。開始基準と終了基準が指定され、書記が必須です。このようにインスペクションは、公式性が高く、指摘事項の対応についても、仕事としてきちんとフォローされます。

インスペクションで行われるレビュー対象は開発が作成する仕様書やプログラムコードに限りません。すべての作業成果物がレビュー可能です。テストチームが作成する**テスト計画書やテスト仕様書やテストケースなどもレビューの対象ですし、レビューすべきもの**です。

3.3.2 レビュー技法

p.77

レビュー技法とはレビューアが使う技術のことですが、なかでもレビュー対象を読む技法であるリーディング技法を指して「レビュー技法」と呼びます。以下に、それぞれの説明をします。

(1) アドホック

アドホックとは、「決まりがない」という意味なので、これを技法に入れるのかどうかは少々疑問です。ただし、この用語があることによって「あなた方のレビューは、手順や体系的な方法をもたない個人の経験のみにもとづくアド

ホックレビューだから、属人的でよろしくない」と簡潔に指摘できるメリット
があります。

(2) チェックリストベース

　チェックリストベースとは、レビューの開始時に配布されるレビューで焦点
を当てるべき項目が書かれているチェックリストを使用してレビューする方法
です。リーディング技法の基本ですので、他のリーディング技法と組み合わせ
て使用することが多いものです。

　主な利点は、典型的な懸念事項の種類を体系的にカバーできることです。

　アイデアや知恵を生み出す発想法には、自由に発想を拡げてもらう「自由連
想法」と、この枠の中で知恵をくださいという「強制連想法」があります。チ
ェックリストを用いる方法は強制連想法です。「自由にレビューして欠陥を指
摘してください」というやり方よりも「このチェックリストを使ってレビュー
対象をチェックしてください」と言われるほうが指摘は多く出てきます。

　もしも、複数人でレビューをするのなら、レビューを前半と後半に分けて、
前半の個々人のレビューが終わったときに、それまでに見つけた欠陥を披露し
あってチェックリストに追加するなどして、共有することをお勧めします。欠
陥情報を共有することによって、「あぁ、その観点が抜けていたな」と気づき
合い、後半のレビューの質向上につながるからです。

(3) シナリオとドライラン

　シナリオとドライランとは、シナリオを考えて、レビュー対象を読みながら、
「どういう動きになるかな？」と頭の中で想像したり、別のシステムとデータ
連携せずにデータをファイルに書き出したり、つまり、シナリオを用いてドラ
イランする方法です。ここで、ドライランとは予行演習といった意味です。

　この方法では、シナリオに現れない部分についての抜けに注意が必要です。
要件のレビュー時には、要件は抽象度が高く数は少ないので、抜け漏れに気づ
きやすくそのまま使えます。一方、仕様のレビュー時には、仕様書は機能別に

記述されることが多いことから、仕様書をドライランしたところで塗りつぶすなど、レビューの抜け漏れを防ぐ工夫が必要です。共通に使用する部分の仕様が別冊になっている場合、ごっそり抜けてしまうかもしれないことに注意が必要です。

(4) ロールベース

ロールベースは、役割が異なるステークホルダーになり切ってレビューする方法です。システムの導入推進者から見て問題ないか、ユーザーから見て問題ないか、保守担当者から見て問題ないか、という具合です。ペルソナをつくってみると、情景が浮かび、より生き生きとしたシナリオになります。

テスト担当者の立場では、「とにかくバグが出ずにパフォーマンスが良いものをつくりたい」という気持ちが先に立ちがちです。ところが、経営者は、「このプロジェクトで売上はいくらになって、利益がいくらになるか」が気になっていることでしょう。保守担当者は「問合せが少ないといいな」と思い、ユーザーは「これを使ったら業務が効率化されて仕事が楽になるぞー！」と期待に胸を膨らませているかもしれません。テスト担当者、経営者、保守担当者、ユーザーなどのステークホルダー(利害関係者)の関心事は、「品質」、「売上と利益」、「問合せ件数」、「業務の効率化」とばらばらです。しかも、関心事は一方向ではないので、例えば、「品質向上に投資したら利益が減る」といったトレードオフの関係があるかもしれません。

このようにステークホルダーの立場によって「こうなっていてほしい」は違います。だから、ステークホルダーになり切ってレビューするロールベースが役に立つのです。

(5) パースペクティブベース

パースペクティブベースは、レビュー対象がその用途ごとに重要となる情報(側面)が異なることを利用しており、最も効果が高いレビュー技法といわれています。

　いろいろなステークホルダーになり切ってレビューするのはロールベースと同じですが、要件や仕様などについては、各レビューアの本業の役割でレビュー対象を使ってみる点が異なります。例えば、テスト担当者なら、レビュー対象でテスト設計してみますし、運用担当者なら運用計画を、営業なら販売チラシをつくってみます。レビューアは自分の仕事に使うわけですから真剣になります。

　さらに、各レビューアは、それぞれの仕事のプロとしてレビュー対象を使うわけですから、プロの目線からの指摘ができます。例えば、テスト担当者がテスト設計しにくいところは仕様が曖昧な箇所の場合が多いのですが、プロの目線でテスト設計がしにくいかどうかを確認するわけですから、それは良いレビューとなります。

p.78

3.4　レビューの成功要因

　テキストには、レビューを成功させるために気をつける点が並んでいます。
　どれも大切ですが、後述する⑨項の「自分の言動が退屈感、憤り、敵意だと受け取られないように気をつける」ことに特に気を使ってください。どんなに正しい指摘をしたところで、伝え方が悪くて反感を買って直されなければ品質は向上しません。

　レビュー指摘は品質向上を目的としたアドバイスです。「**なるほど。それは直したほうが良いね**」と気持ちよく対応してもらえるような伝え方を心掛けることが大切です。

（1）レビューの主な成功要因

レビューの主な成功要因について、一つずつ説明します。

> ①　達成する目的、計測可能な終了基準、およびソフトウェア成果物と参加者の種類とレベルに応じてレビュータイプを選択する。

例えば、インスペクションが最も厳格な方法で、レビュー指摘事項もしっかりフォローされるからといって、インスペクションだけを実施したらよいかというとそんなことはありません。日々のバディチェックやウォークスルーの積重ねが良いものをつくります。

ステークホルダーによってレビューの目的は異なります。逆にいえばソースコードの品質に興味がないステークホルダーをコードレビューに呼んでも参加しないでしょうし、仮に参加したとしても良いコードレビューコメントは得られないことでしょう。ですから、**達成する目的を考えてレビュータイプを選択する**ことが大切です。

② **適切なレビュー技法を使用する**[*]。

欠陥を効果的に効率よく見つけるためには、**適切なレビュー技法を使うこと**が有効です。まずは、ベースとなるチェックリストを使いこなしましょう。

次に、チェックリストを使うときにはステークホルダーの誰かの役割（ロール）になったつもりでチェックしてみましょう。

③ **大きなドキュメントは小さく分割してレビューする。**

ページ数が多いドキュメントをレビューするときには、チェックリストやレビュー観点を当てはめるのが大変です。そこで、ページ数が多いドキュメントをレビューするときには**一度にレビューする範囲を絞る**ことが有効です。

もちろん切りが良いところでレビュー対象を分割するのですが、仕様書なら15分程度（15分は集中して読める限界の時間だから）で読み切れる分量、つまりは10ページ前後を目安とします。

④ **参加者に十分な準備時間を与える。レビューのスケジュールは適切に通知する。**

少なくとも3日前にはレビュー対象を配布し、**個人作業の時間をとれるよう**

＊レビュー技法は複数同時に適用可です。

にします。逆に 1 カ月前というように長すぎてもうまくいきません。また、レビューを予定に入れてもらうため、適切なタイミングでリマインドをかけることが有効です。

⑤ **マネージャーがレビュープロセスを支援する。**

レビューの目的を据え付けて意識づけをし、レビュー戦略やレビュー計画を立て、レビュー結果を評価し改善する責任はマネージャーにあります。そして、これらの「**マネージャーによるレビュープロセス支援**」がレビューを成功に導きます。ただし、非公式なレビューはマネージャーを介さずにどんどんやってしまいましょう。

⑥ **レビューの目的に対して適切な人たちに関与させる。**

例えば、**さまざまなスキルセットまたはパースペクティブ**(＝ステークホルダーとしての視点)をもち、レビュー対象のドキュメントを使うことがある人たちをレビューアにアサインします。

⑦ **テスト担当者は、有効なテストを早期に準備する。**

パースペクティブレビューにおいて、テスト担当者は、レビューそのものに貢献するだけでなく、**レビュー対象の内容を把握して、有効なテストを早期に準備する**ようにします。

具体的にはハイレベルテストケース設計を行います。そして、その過程で見つけたレビュー対象の欠陥や改善点や疑問を指摘します。

⑧ **見つかった欠陥は客観的な態度で確認、識別、対処をする。**

見つけた欠陥が直らないことでどれほどのリスクがあるのかについて客観的に分析し、対応します。

⑨ 自分の言動が退屈感、憤り、敵意だと受け取られないように気をつける。

本節の冒頭でも述べましたが、どれだけ正しい指摘であっても、伝え方が悪くて反感を買って直されなければ品質は向上しません。「**なるほど。それは直したほうが良いね**」と気持ちよく対応してもらえるような伝え方を心掛けるようにしてください。

⑩ レビューアに十分なトレーニングを提供する。

特にインスペクションなど高度に形式的なレビュータイプを実施するときには、**十分なトレーニングを提供する**必要があります。例えば、いきなりモデレーターにアサインするのはあまりにも無謀です。コードレビューも同様で、良いコーディングについてのトレーニングを行うべきです。

(2) レビューアの心構え

レビューを「教育の場」と考える人もいらっしゃいます。たしかにそのような側面もあるのですが、**教育は副次的な位置づけ**です。「レビューで教育する」のではなく、「レビューは教育にもなる」くらいに考えるようにします。

前述の①項でも述べましたが、**なぜレビューをしているのかレビューの「目的」の理解**が大切です。レビューをすることによって商品やサービスの品質を高めてお客様に満足していただくため、早期に欠陥を直し後工程で発生していた手戻りを減らすことで自分たちの仕事を楽にするため、自分の失敗に気づくことで技術者として成長するためなど、他にもあると思います。しかし、レビューは「**粗探しの場ではない**」こと、および「**すべてのレビューアが開発者を尊敬すべき**」ことを常に意識しましょう。

```
━━━━━━━━ ★ ★ ★ ★ ★ ━━━━━━━━
```

第4章
テスト技法

本章は、「ASTER セミナー標準テキスト」の 79～150 ページを解説します。ここでは、テストを作る方法、すなわちブラックボックステスト技法とホワイトボックステスト技法について説明します。

4.1　テスト技法の位置づけ

4.1.1　テスト設計（技法）の必要性

p.80

(1)　マイヤーズの三角形判定問題

マイヤーズ（Myers）の三角形判定問題は、簡単にいえば、「三角形の三辺の長さとして3個の正の整数を入力したら、三角形の形状（不等辺三角形、二等辺三角形、正三角形）を出力するプログラムのテストをつくりなさい」という問題です。この問題はマイヤーズの名著『ソフトウェア・テスト技法 第2版』（近代科学社）の始めのほうに載っていることで有名になりました。

マイヤーズの三角形判定問題は、「こんな簡単なプログラム（ソフトウェア）でもテストを抜け漏れなくつくるのは難しい」ことを実感してもらうためにあります。プログラムの仕様がすぐに理解できる点でも良い問題ですね。

103

続いて答えを書きますが、解いたことがない人は 5 分でかまわないので、考えてから以下を読んでください。

(2) マイヤーズの三角形判定問題の解答

書籍に載っている解答は表 4.1 の 2 列目（テスト条件の No.1～14*）のとおりです。なお、3 列目のテストデータの列は筆者が参考に書いたものです。No.3 の「辺の順番を考慮する」、No.13 の「辺の数が 3 個以外」、No.14 の「期待結果を示してある」あたりが抜けがちです。

ところで、セミナーでこの問題を行うと、「『1 個の辺の長さが 0』のテスト

表 4.1　マイヤーズの三角形問題の解答例

No.	テスト条件（何をテストするか）	テストデータ A, B, C	テスト回数
1	不等辺三角形と出力されること	5, 7, 9	1
2	二等辺三角形と出力されること	5, 5, 3	1
3	二等辺三角形と出力されること（辺の順番も考慮）	5, 3, 5、3, 5, 5	2
4	正三角形と出力されること	3, 3, 3	1
5	1 個の辺の長さが 0	3, 3, 0	1
6	1 個の辺の長さが負の値	3, 3, −3	1
7	2 辺の和がもう 1 辺と等しい	1, 2, 3	1
8	2 辺の和がもう 1 辺と等しい（辺の順番も考慮）	2, 3, 1、3, 1, 2	2
9	2 辺の和がもう 1 辺より小さい	1, 2, 5	1
10	2 辺の和がもう 1 辺より小さい（辺の順番も考慮）	2, 5, 1、5, 1, 2	2
11	3 個の辺の長さがすべて 0	0, 0, 0	1
12	整数でない辺	3, 3, 2.5	1
13	辺の数が 3 個以外	3, 3、3, 3, 3, 3	2
14	期待結果を示してある		1
	合計		18

参考）　テスト条件を 1 項目 1 点目として、平均的なプログラマーは 7.8 点（14 点満点）
注）　J. マイヤーズ、M. トーマス、T. バジェット、C. サンドラー（著）、長尾真（監訳）、松尾正信（訳）：『ソフトウェア・テスト技法 第 2 版』（近代科学社、2006 年）から抜粋して整理した。

＊細かい話をすれば、14 番目はテスト条件ではありません。

をしているのに、さらに、『3個の辺の長さがすべて0』のテストを別途行うのはなぜですか？」という質問を受けることがあります。この問題の趣旨は「簡単なプログラム（ソフトウェア）でも、テスト設計技法を用いずに、抜け漏れのない網羅的なテストをつくるのは難しいことを実感してもらうため」であって、完璧なテストケースをつくることではないので良いのでしょう。もしくは、「3個の辺の長さがすべて0」のテストを思いついて、「1個の辺の長さが0」のテストは思いつかない人のためかもしれません。

4.1.2　テスト設計

📖 p.81

(1) 良いテストとは

テキストには、良いテストは、「時間とお金の都合を考えて、QCDF（Fは機能やフィーチャー）のバランスのとれた情報を提供する（＝どこで妥協するか）。」とあります。ここで、「時間とお金の都合を考えて」というのは、「時間とお金を制約として」ということです。

10年ほど前に『ソフトウェアテスト技法ドリル』（日科技連出版社）という本を書いたときに、次に示す統計数理研究所の椿広計氏の文章を第6章「多次元の品質」の扉に引用しました。

「筆者が品質管理を支持するのは単に統計が応用されているからだけではなく、品質を制約としてコストを最小化するのではなく、コストを制約として顧客価値を最適化する態度である。」（椿広計『Qualityを目指すVirtue』）

こうして引用したくらい好きな言葉でした。

さて、話は戻って、「時間とお金の都合を考えて、QCDF*のバランスのとれた情報を提供する（＝どこで妥協するか）」についてですが、上記を踏まえて書き直せば、「（良いテストとは）QCDFのCとDを制約として、顧客へ最適な価値を提供するためにQとFのバランスを取るための情報を提供する。」となります。

逆に、ダメなテストについて、テキストでは、「納期までの時間を優先し、

＊Qは品質、Cはコスト、Dは納期、Fは機能やフィーチャーを表す。

残った時間でテストする」と書いてあります。

この 2 つを並べれば、後者の「納期までの時間を優先し、残った時間でテストする」ことが良くないのは雰囲気でわかりますが、多くのテスト現場では、「開発の遅れを何とかテストで吸収してもらえないか」と言われることが常態化していることに疑問をもたず人海戦術で頑張っているのではないでしょうか。

清水吉男氏は「日本は、1990 年代に納期対策を『人海戦術』で乗り切り、コスト対策を『アウトソーシング』で乗り切った。だから、品質を落とさずに生産性を向上するプロジェクトマネジメント技術が育っていない。それでもコストダウンが不十分ということで 2000 年に入ってオフショアリングへと展開するのだが、そこでは本来の『プロセス改善』は何もできていないと思われます。」と指摘していました。

(2) 良いテストにするためのテスト設計

良いテストが「QCDF の C と D を制約として、顧客へ最適な価値を提供するために Q と F のバランスをとるための情報を提供する」であるとすると、コストと納期を制約とする(コストと納期は変えない)わけですから、「最適な価値を提供するための情報を見つける」ことの質(すなわち、テストの質)を上げるしか方法はありません。

続いて、「合理的にテストケースが少ない」、「多くの欠陥が見つかる」、「漏れなくテストする」の 3 つが必要な理由について考えてみます。

① 合理的にテストケースが少ない。

テストが少なければ少ないほど、コストと納期の制約が厳しくてもテストは終わります。ただし、ここでは「合理的に」が付いています。つまり、「テストの数が少なくても良い理屈や道理」が必要です。

例えば、同値分割法では、「このテストとこのテストは、『ある切り口において同じとみなす』という主張にはみんなが同意できるだろう」という判断の下で、合理的にテストを少なくしています。

②　多くの欠陥が見つかる。

　テスト対象の品質を上げるためには、テストで不具合をたくさん検出し、再現条件(再現手順とテストデータ)および修正すべき理由(重要度などの情報)を付けて開発に報告する必要があります。

　テスト対象に欠陥が何件存在するかは誰にもわかりません。そのため、多くの欠陥を見つけて、その欠陥を分析することでテスト対象の品質情報を得るしかありません。

③　漏れなくテストする。

　「多くの欠陥が見つかる」ことは大切です。また、テストの7原則(**1.3節を参照**)の原則4で「欠陥の偏在」を学びましたので、欠陥が多く偏在しているところを重点的にテストする技法が有効と述べました。

　欠陥が偏在することは事実です。ところが、その一方で、人間がプログラミングしている以上、「うっかり作り込んでしまう欠陥」も存在します。そのような「うっかり作り込んでしまうことがある欠陥」については広く浅く網羅的にテストする技法が必要です。

4.1.3　テストのつくり方

p.82

(1) テスト条件

　JSTQB ではテスト設計技法を使うことで、「テスト条件」を段階的に詳細化して、最終的にテストケースをつくるとしています。ですから、具体化・詳細化の粒度の差があるだけで、「テスト条件」と「テストケース」は本質的には同じものです。

　もしも、「『要求』と『仕様』は同じものである」と言われると、「それは違う」と反論したくなるのではないでしょうか。でも、要求を「お客様が実現したいとぼんやり思っている曖昧なこと」と定義して、それを「『これをつくれば良い』というレベルまで具体化・明確化したもの」を仕様と定義すれば、本

107

質的には同じものであるという主張に半分ぐらい同意していただけるかもしれません。「テスト条件」と「テストケース」の関係も同じなのです。

　「テスト条件を詳細化することでテスト設計を行う」進め方が JSTQB のテストのつくり方です。

　第 1 章で、テスト条件とは、「テストすべきこと」、「テストケースにより検証できるもの」のことと述べました。これらを明確にすることがテストをつくることだなどと言うと、何を当たり前のことをと思われるかもしれません。でも、こうして一歩ずつ理解を進めていくことが関係者全員の合意を得ることにつながります。

(2) テストのつくり方

　図 4.1 にあるように「テスト対象」、「テスト目的」、「リソース制約」から「テストケース」をつくります。また、「テスト対象」と「テスト目的」は、さらに分解し詳細化できることが左のツリーで示されています。

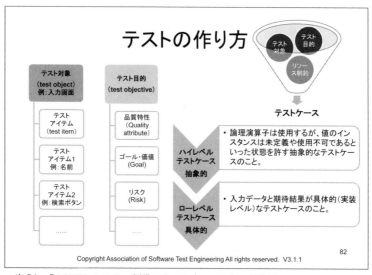

出典）「ASTER セミナー標準テキスト」、p.82 を一部修正

図 4.1　テストのつくり方

　ここで、「テスト対象」と「テスト目的」の組合せが、粗いもの同士でつくったテストケースを「ハイレベルテストケース」、細かいものの組合せでつくったテストケースを「ローレベルテストケース」と呼びます。テストケースの抽象度の違いと考えてもかまいません。

(3) どうやってテストをつくるの？

　図 4.1 に描かれているものは全体の概念図ですので、「どうやってテストをつくるの？」という疑問が湧くのは当然ですが、これ以上の詳細化は「**現場合わせする**」しかありません。

　テスト対象はテストレベルによって異なりますし、テスト目的だって異なります。それらは、個々の開発現場で「**状況に合わせてつくる**」のがベストです。もちろん ISO 29119 や他社事例やテスト設計コンテストの発表資料などは参考になります。でも、あくまでも参考であり、個々の現場の状況にぴったり合致するわけではありません。

　したがって、自組織の状況にあった「テストのつくり方」を模索することが有効ということになります。「それは大変な仕事だ」と思われるかもしれませんが、最初から完璧なものは必要ありません。そもそも最初から完璧なものはつくれません。まずは、今のやり方をまとめ、「○○部　テストのつくり方」という小冊子をつくりましょう。20 ページぐらいのもので十分です。

　次に、「テスト完了」プロセスのときにふりかえって、小冊子の内容を少しだけ改善します。一度にたくさん変更せずに一番マズイと思ったところに絞ったほうが、納得度も高く、現場も覚えることが少なく、改訂したことの効果も出やすく効果検証しやすいのでお勧めです。

　1 回の改訂は少なくても、これを 5 回も続ければ、立派な小冊子が完成します。ポイントは初めのときに小冊子づくりを頑張らないことです。なぜなら、初めから頑張って良いものをつくろうとすると「良いもの」ではなく「（自組織へのマッチングを無視して）良さそうなもの」をてんこ盛りにしてしまうからです。そうしてできたものは、立派ではあるけれども重くて使いにくいもの

になりがちです。そして、誰も使わないものになってしまいます。

4.2 テスト技法のカテゴリー

p.84

4.2.1 テスト技法の選択

「ハンマーを持つとすべてが釘に見える」*という警句を聞いたことがないでしょうか。この言葉の意味は、「**手持ちのツールに固執するな**」、もしくは、「**使える道具（方法・考え方・知識・経験）を増やせ**」ということだと筆者は理解しています。

　実はテスト技法にも同じようなことがいえます。それを理解していないと「テスト技法を使う」のではなく「テスト技法に使われる」ようになってしまいます。そこで、本項では、テスト技法の選択について考えます。

（1）テスト技法の選択は多くの要素に依存

どのテスト技法を使おうかと考えることがあります。

　同値分割法や境界値分析、もしくはデシジョンテーブルテストのように「（テスト条件とテストカバレッジアイテム（網羅基準）をもとにして）テストケースを作成するときに、それを技法と意識することもなく使う基礎的なテスト技法」もありますが、「よし。このテスト対象は状態が多いから、いっちょ、状態遷移テストを行うか！」と、やるかどうかを決意するような大きなテスト技法もあります。このような大きなテスト技法は、それをやるかやらないかを決める必要があるわけですから、「テスト技法は選択するもの」ということができます。

　選択しているということは何らかの選択基準があるわけです。一番多い選択基準は「前のときも実施した」というものかもしれません。でも、その場合に

　＊心理学者のマズローによる言葉とされ、原文は "If all you have is a hammer, everything looks like a nail." です。

しても、最初にやろうと決めた人がいるはずです。少なくともその人は、その
テスト技法を実施することに何らかの価値を感じていたはずです。

　「テスト技法の選択は多くの要素に依存している」は真実ですが、大まかに
いえば、「テスト対象」、「テストをする人の経験とスキル」、「納期と予算」の
3つの要素に集約されると思います。このうち、「テスト対象」と「納期と予
算」は、テストの前提となる制約条件です。つまり、テキストの「『テスト対
象』と『納期と予算』から最適なテスト技法を選択できる『経験とスキル』を
身につけてください」というのは、当たり前のことを述べているに過ぎないの
です。

(2) テスト技法を組み合わせて使用する

　ホワイトボックステストとブラックボックステストの両方を実施している組
織は、プログラムコードの側面とソフトウェアの振る舞いの側面の2つの側面
から評価するために、両者の技法を組み合わせて使用しているということもで
きます。

　また、このような組織では、一般的にデシジョンテーブルテストというテス
ト技法の「条件」について、同値分割法で見つけた同値パーティションを使っ
ていると思います。

　こちらは、ブルックスの『人月の神話』に書かれているもので、「狼男を一
撃で倒すことができる銀の弾丸」を喩えとして、「万能な解決策は存在しない」
ということを述べています。

(3) テスト技法はどこに対しても使える

　シラバスを読んでいると、「○○は、どこに対しても使える」という主張が
あちらこちらで見られます。どれも間違いではないのですが、読んでいてもや
っとします。なぜなら、「AはBにも応用(活用)できますか?」という問いは
必ずYesだと思うからです。

pp.85-86

4.2.2 テスト技法のカテゴリーと特徴

本項では、テスト技法のカテゴリーについて説明します。ここでは、「最も基本的な分類」のことをカテゴリーと呼ぶことにします。

筆者はテスト技法をカテゴリーに分ける理由として、次の2点があるように思います。それは、「テストにはさまざまな見方が必要」、「テストで見つからなかったバグの見逃し要因を考える」の2点です。

以下で、この2つの理由について説明します。

(1) テストにはさまざまな見方が必要

「テスト観点に基づくテスト開発方法論—VSTeP の概要」(西康晴)[*]という資料に次の4つのビューについての説明があります。

- User-view：ユーザーが何をするかを考える。
- Fault-view：起こしたいバグを考える。
- Spec-view：仕様を考える。
- Design-view：設計やソースコードを考える。

そしてこのことを図式化した**図 4.2** には「**バランスが大切**」とあります。言い換えれば、「**4つのビューのどれか一つをテストすれば良いということではなく、すべてをバランスよくテストしなさい**」ということです。

バランス良くテストするためには、どういうバランスがテスト対象にとってベストなのかをテスト分析で明らかにする必要があります。でも、そこまでしなくても、例えば、「User-view のテスト技法であるシナリオテストを実行中に機能仕様のバグが多く見つかるなら、Spec-view のテストが不足していないか確認し是正する」といった、つまり、「バランスが崩れていることを検知して適切な対応をする」といった試行錯誤的な方法でも良いと思います。

---

[*] https://qualab.jp/materials/VSTeP.130403.bw.pdf

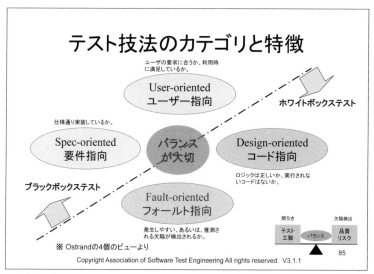

出典）「ASTER セミナー標準テキスト」、p.85

図 4.2　テスト技法のカテゴリーと特徴

（2）テストで見つからなかったバグの見逃し要因を考える

　どんなにテストを頑張ったとしてもリリース後のバグがゼロということは滅多にありません。ごく稀にそういうプロダクトがあるようですが、話をよく聞いてみると使用方法が限られていたり、販売数が非常に少なかったり、定められた用途でしか使われず、かつ、人間が運用にかかわらないシステムだったりします。誰も使っていなかったり、バグに気がつきづらかったりすると、その商品やサービスを「バグゼロで品質が高いソフトウェア」と誤解することがあります。つまり、数百人のユーザーがいて、毎日さまざまな用途で使うようなソフトウェアなら何かしらクレームは出るものです。

　ユーザーからのクレームがあれば、その欠陥を調査して、欠陥に対して再発防止策を検討するのは当たり前のことです。再発防止策を検討するときには、「欠陥を開発時に作り込んでしまった要因」と「欠陥をテストで見逃してしまった要因」のそれぞれに対して分析を行うのがセオリーです。このときに、

「テスト見逃し要因」について、テストがカテゴライズできていれば、「パフォーマンスの問題なら性能テストを見直す」といったようにテストで見逃したバグの見逃し要因を容易に絞り込むことができます。

このように**さまざまなテスト条件を網羅的にテストする**ことが大切です。

テスト条件が「テスト条件で動かして結果が○○であることを確認する」といった単純な場合はテスト技法の出番はありません。しかしながら、例えば、「節電モードから復帰したときに、追加した機能の動きが変になる問題が毎回市場で発生するので、テストを強化したい」と思ったときに、テスト技法を知らず、テストのカテゴライズもできていなければ、人海戦術で多くの人が何十時間もかけて運に頼ったテスト(膨大な操作で、たまたま問題を見つける方法)をしなければなりません。

4.3 ブラックボックステスト技法

テキストには、6つのブラックボックステスト技法が並び、それぞれに簡単な説明がついています。それは、「同値分割法」、「境界値分析」、「デシジョンテーブルテスト」、「状態遷移テスト」、「ユースケーステスト」、「組合せテスト」の6つです。これらについては、4.3.1～4.3.6 項で説明します。

また、技法とは言いませんが、ブラックボックステストである「ユーザビリティテストの設計」、「ペアワイズ」、「PICT」、「非機能要件に対するテスト」、「性能テスト」、「負荷テスト」、「リグレッションテスト」について、4.3.7～4.3.12 項で説明します。

pp.89-92

4.3.1 同値分割法

コンビニでお酒を買おうとすると年齢確認を求められる場合があります。タッチパネルには「20 歳以上ですか?」という表示と、その下に大きく「はい」というボタンがあり、ほとんどのお客様は「はい」をタッチします。

このテストを考えると、「20 歳未満」と「20 歳以上」の 2 つのケースをテス

トしたらまず問題ないだろうと思います。つまり、2つのテストケース(この例でいえば、15歳と30歳のケース)を考えれば良くて、0歳から139歳までの140人を集めてテストする必要はありません。

こんなものは技法ではないと思われるかもしれません。でも、「給与システムで10万円から10億円までの年収が入力として存在する場合、同値パーティションをどのように区切って何ケーステストしたら良いか?」であるとか、「電話番号を同値分割するとどうなるか?」といったことを考え始めると、テストの専門家でもちょっと悩みます。

初心者に同値分割法を実践してほしいなら、具体例をたくさん示すことが効果的です。例えば、以下のように問題と解答を示すなどです。

《問題》
「定形郵便物に貼る切手は重量によって異なる。25g以内は84円、50g以内は94円」、この仕様に対して同値分割を行い、テストデータを示しなさい。

《解答》
- x ≦ 0:エラー
- 0＜x≦25:84円
- 25＜x≦50:94円
- 50＜x   :仕様外

の4つの同値パーティションに分割し、それぞれから最低1つの値をテストする。例えば、−2g(何も載せず)、15g、40g、70gをテストする。

(1) 同値分割法とリスク

同値分割法の使いどころとリスクとの関係について実感していただくために、コンビニの年齢確認機能よりも少しだけ複雑なソフトウェア、Microsoft Word(以下Word)の文字の色設定機能について説明します。

Wordでは文字の色について、赤(0〜255:1刻み)、緑(0〜255:1刻み)、

青（0〜255：1 刻み）を組み合わせて（256×256×256＝16,777,216 色）指定できます。簡単にいえば、「Word の文字色は約 1,600 万色使用可能」ですが、使用可能なすべての色のテストをした人はいないと思います。なぜなら、1,600 万件のテストをするには、たくさんの時間とお金がかかるからです。したがって、「Word の文字色指定機能に対して、1,600 万件のテストは不要」と誰もが思うに決まっています。

　ところで、すべてをテストしなければ、テストしていなかった条件で発生する不具合（failure）を見逃す可能性があります。例えば、RGB＝|103, 37, 228|のテストをせず、かつその色のときに現れる欠陥があれば、その不具合を見逃します。すべてをテストしなければ、「テストしなかった条件のときに不具合が発生する可能性」はゼロにはなりません。

　たまに「同値分割法でバグが全部見つかる理屈がわからない」という人がいます。でも、そもそも、**同値分割法は、すべてのバグが見つかることを保証するテスト技法ではありません**。これは同値分割法に限らずすべてのテスト（技法）でいえることです。

　「テストをしていない条件で市場不具合が発生するかもしれない」といった、「将来発生するかもしれない危険な事象の可能性」のことを一般に「リスク」と呼びます。一般に、リスクをゼロに近づけるためにテストを増やすアプローチは非常にコストがかかります。1,600 万色のテストをすべて実行するには多大な時間とお金がかかります。

　そこで、すべてではなく、**適切な量のテストを実施し、必要十分なレベルまでリスクのレベルを下げることが大切**です。リスクをゼロにすることを目的とせずに、リスクと価値のバランスをとるのです。「費用対効果を考える」と言い換えることもできます。もっとも、医療機器のように、大変なことと知った上で、テストを続けるような商品もあります。

　唐突に思うかもしれませんが、ゴールデンサークル理論では、Why、How、What の順番で説明せよと言います。こうすることで共感を生むことができるとのことです。Why は、前述のとおり「全数テストは不可能なのでリスクに

応じてテストのメリハリをつけたい」です。次に議論が必要なのは How（Why を実現するための良い方法）です。その方法の一つが同値分割法なのです。

（2）同値（同値関係）

同値分割法のキモは「同値」の理解です。そこで「同値」について説明します。

同値分割法というと、同値パーティションという用語から、「全体をいくつかのまとまりに分割する」こと、すなわち「区分すること」を思い浮かべると思います。また、別のアプローチとして、（要素間の）「同値関係」から考えていく方法もあります。全体を列挙してつくることが難しい出力の同値分割について、考えやすくなります。

以下に、例を用いて説明します。

（a）　大工さんと三角形の話

大工さんが釘を打とうとして、「トンカチ、もってこい」と大工見習に言ったときに、ノコギリを持っていったら「これじゃない」と怒られます。でも、柄の長さが 20 cm のトンカチでも 25 cm のトンカチでも「良し」と言ってくれることでしょう。柄の色が赤でも青でも「良し」と言ってくれます。

ということは、このとき、大工さんは、「柄の長さが 20 cm のトンカチ」と「柄の長さが 25 cm のトンカチ」を同じものとみなしているということです。くどい書き方をすれば、「柄の長さが 20 cm のトンカチと柄の長さが 25 cm のトンカチは同値関係」にあるといえます。

また、3 辺の長さが、3 cm×4 cm×5 cm の三角形が 2 つあったとします。2 つの三角形は最悪でもひっくり返せばピッタリと重なります。ひっくり返す前でも、三角形の素材が紙とアルミニウム板で違っていても、片方が東京にあり、もう片方がニューヨークにあって物理的に重ね合わせができないとしても、3 辺の長さが、3 cm×4 cm×5 cm の三角形は同じです。ですから、三角形についてもトンカチと同様に、素材が違っていても、色が違っていても、3 辺の長

さが、3 cm×4 cm×5 cm の三角形は同値関係にあるといえます。同値関係にあるものは、同じとみなすことができます。

　同じとみなすことを議論しているのは、そうするメリットがあるからです。大工さんの話でいえば、メリットは、どちらのトンカチでも釘を打てるということですし、三角形の話でいえば、3 cm と 4 cm の辺で挟まれた角の角度は直角なので、その性質を使って、分度器がなくても直角を得ることができるというものです。

　数学では、a と b の関係を「〜」記号を使って「a〜b」と表します。「〜」記号ではなく R を使って「aRb」と表すこともあります。そして、その関係が「反射律、対称律、推移律」のすべてを満たすときに、a と b は同値関係にあります。

（b）"同じ"の拡張

　数学記号「＝」は等号と呼び、「等号の左右が等価であること」を意味します。「x＝y」と書いたら x と y は同じだとわかります。

　ところで、先に例として挙げた三角形が合同であることを示すときには、記号は 2 本の「＝」ではなく横棒 3 つの「≡」を使います。具体的には、「△ABC≡△DEF」といったように書き、これは、「三角形 ABC と三角形 DEF は合同である」ことを意味します。

　さて、それでは、「2/6」と「1/3」が同じである記号は何にしましょうか？小学生のころからずっと、「2/6＝1/3」と書いていますので、「＝」で違和感がある人は少ないかもしれません。馬鹿々々しい話ですが、「柄の長さが 20 cm のトンカチ」と「柄の長さが 25 cm のトンカチ」が同値である記号は何にしましょうか？　等号記号を使用して、「柄の長さが 20 cm のトンカチ＝柄の長さが 25 cm のトンカチ」で良いですか？

　数学では、記号を増やすのではなく「同値関係」といってしまい、ある「関係」が「同値関係」であることをいえるルールを決めました。それが「反射律、対称律、推移律」です。

（c）　反射律、対称律、推移律

集合 X 上の要素の二項関係「〜」は、次の 3 つの性質を満たすとき X 上の同値関係と呼ばれます。

① ［反射律］x〜x

② ［対称律］x〜y ⇒ y〜x

③ ［推移律］x〜y かつ y〜z ⇒ x〜z

ここで、「⇒」は「ならば」という論理記号です。

集合 X は同値パーティションに対応するものと考えてください。反射律、対称律、推移律の 3 つがすべて成り立っていたら「〜」を同値関係と呼ぶということです。反射律は、一つの要素を取り出して、その関係が成り立つことです。イメージしにくいと思います。

そこで、具体的な話として、「＝」と「＞」で反射律について確認してみます。関係が「＝」のときには、「x＝x」は成立します。よって、「＝」という関係は反射律を満たします。一方、関係が「＞」のときには、「x＞x」は成立しません。よって、「＞」という関係は反射律を満たしません。

対称律は入れ替えても成立する関係ということです。関係が「＝」のときには、「x＝y」のときに「y＝x」は成立します。よって、「＝」という関係は対称律を満たします。

関係が「＞」のときには、「x＞y」のときに「y＞x」は成立しません。よって、「＞」という関係は対称律を満たしません。

推移律は、反射律・対称律と違って 3 つの要素が必要ですので集合を意識します。関係が「＝」のときには、「x＝y」でかつ「y＝z」なら「x＝z」ですので推移律は成立しています。一方、関係が「＞」のときにも、「x＞y」でかつ「y＞z」なら「x＞z」ですので推移律は成立しています。

このように、「＝」は反射律、対称律、推移律のすべてが成立していますので、「＝」で結ばれる関係は同値関係です。一方、「＞」は推移律しか成立していませんので、「＞」は同値関係ではありません。

数学は「異なるものを同じとみなす」ことで発展してきました。3、6、9、

12、15、18、21、24、27、30、…、これらはすべて異なります。3kg の荷物と 6kg の荷物は倍違いますし、30kg なら 10 倍も違います。ところが、「3 の倍数という関係」においてはどれも成立しています。ゆえに、3、6、9、12、15、18、21、24、27、30、…という数値の集合は「3 の倍数」という関係において同値です。「3 の倍数という関係」は、同値関係であり、同値関係で集められた要素の集合は同値類(同値クラス)であるということです。

(3) 同値分割法で考慮すること

　同値分割法は、一見すると簡単そうですが、深く考えると以下のような疑問がふつふつと湧いてきます。

- 同等に処理されると想定する方法はあるか？
- 振り分け先の定義はどこに書いてあるか？
- 「少なくとも 1 個の値を選んでテストする」とあるが、「1 個」ではだめか？
- 値の選び方にはコツがあるか？
- 無効同値について、どのように考えるか？

これらの疑問を一つずつ解消していきます。

(a) 同等に処理されると想定する

　同値(＝同等に処理される)かどうかは、あくまでもテスト技術者の "想定" です。良い想定ができれば、必要最小限で不具合をたくさん検出可能なテストケースとなりますし、良い想定ができなければ、「テスト漏れ」となり不具合を見逃したり、無駄なテストケースが多くなりテスト工数が足りなくなったりします。同値かどうかについて自信がなければ、開発者に聞いてしまうのも一つの手です。

　筆者の経験ですが、見た目がまったく同じだったので、GUI については片方だけ念入りにテストすればよいと思った Windows アプリケーションがあったのですが、念のため「同じ GUI 部品を使っていますか？」と開発者に聞い

てみたら、「片方は自分がつくったものですが、つくっているうちに標準部品が見つかったのでもう片方は標準 GUI 部品を使っています」と返されたことがあります。さすがに、「えー、そういう情報はテストのほうにも教えてよ」と思いました。案の定と言いますか、自作の GUI 部品のエラーチェックが甘く、不具合が見つかりました。

実装については、外部仕様書に書くものではありません。また、ソースコードを見ても気がつかなかったので聞いてよかったなと思いました。

『ソフトウェアテスト技法練習帳』（梅津正洋ほか著、技術評論社）には、「同値クラスは『その範囲はどの値でも同等に処理されることが合理的に予想される』集まりです。」と書いてあります。このポイントは、「**合理的に予想される**」です。

要素だけを示されるよりは「この同値パーティションは、○○の点で同じ要素を集めたクラスですので、その範囲はどの値でも同等に処理されることが合理的に予想されると考えました」というように、**どう考えたのかについて説明することが大切**です。

ある処理に対して同じとみなせるものを集めれば、同等に処理されると想定した理由になります。具体例で示します。

「R の付かない月は牡蠣を食べてはいけない」という話を聞いたことがないでしょうか。May、June、July、August は R が付きませんから 5 月から 8 月は「牡蠣を食べてはいけない月」という意味です。

そこで、「R の付かない月の牡蠣は割引対象」という仕様があってもおかしくありません。この場合は、5 月から 8 月のうちどれか一つを同値パーティションの代表値としてテストします。

(b) 同値パーティションはいつ決める？

シラバスでは同値分割法を次のように説明しています。

「同等に処理されると想定したデータすべてを同じパーティションに振り分け、各パーティションから少なくとも 1 個の値を選んでテストする。」

121

　ここで、「振り分け」とは、先に同値パーティションを決めるということです。どうやって先に決めるかといえば「同等に処理されると想定」して決めるのだと思います。

　本項の冒頭でに、「『定形郵便物に貼る切手は重量によって異なる。25g以内は84円、50g以内は94円』、この仕様に対して同値分割を行い、テストデータを示しなさい」いう問題の解答例を書きました。

　「0g以下で（おそらく）エラーとなる機能」、「84円と表示する機能」、「94円と表示する機能」、「仕様にないからどうなるかわからない機能」の4つの機能があることから4つの同値パーティションを決めて、それぞれの入力を考えるという手順です。

　この方法の良い点は、「**機能を網羅しやすいこと**」です。この例でいえば、「0g以下で（おそらく）エラーとなる機能」、「84円と表示する機能」、「94円と表示する機能」という3つの機能の実装漏れがないことと、「各同値パーティションから選択した値では期待どおりに動くこと」が確認できます。

　もちろん、「10gで84円と表示」しても「20gで84円と表示」するとは限りませんので最低限のテストですが、それすらまともに動かなければ大問題となるので最重要なテストです。

（c）　少なくとも1個の値を選んでテストする

　同値分割法を使うときには、「同等に処理されるのなら同値パーティション内の値は任意の1個だけ選んでテストすれば良い」のです。ここで、「任意の」というのは、「どれでも」ということです。6Pチーズを食べるときに6個のチーズはどれも同じなので、どれでもいいというのと同じです。本当に「同じ」なら1個テストしたら別のをテストしなくても良いはずです。でも、同じかどうかわからないのがテストです。

　筆者の経験ですが、99枚読み取れるスキャナーのオートフィーダー（自動原稿送り装置）のテストで「1枚」と「複数枚」の同値パーティションとしたことがあります。複数枚は、2枚でも、3枚でも、50枚でも、99枚でも「最後

まで連続して自動的に原稿を読み込む」点では同じはずです。ところが、20枚まで読み込んだところで、オートフィーダーは30秒ほど、動きを止めました。その原因はオートフィーダーがもっているメモリーの容量が原稿20枚分に相当していたために、20枚を超えるときにはいったん、スキャナーの本体のハードディスクに読み取った20枚分のデータを転送する必要があったからです。筆者は、このような仕様を（仕様書にない）「隠れ境界値」と呼んでいますが、テストするまで誰も想像していませんでした。

オートフィーダーが30秒止まったときには「重要不具合の発生か!?」とザワザワしました。

ところで、要素に順番をもつような同値パーティションの場合は、境界値分析の考えを加えて、先頭、中間、最後の3点をテストする人が多いと思います。単機能テストであれば特別な理由がなければ、たいして工数が増えるわけではないので、3点のすべてをテストすることをお勧めします。一方、同値分割法を使う目的が、機能確認でしたら、機能した結果の判定がしやすい、代表的な最もありふれた値を選びます。

（d）　無効同値パーティション

JSTQB の「無効な値」の定義は、「無効な値は、コンポーネントまたはシステムに拒否される値」です。無効な値の同値パーティションを「無効同値パーティション」と呼びます。

ところで、有効・無効の見分け方よりも、「有効と無効を区別することで何をしたいのか」を考えることのほうがずっと大切だと思います。なぜなら、それがわかれば、自然に有効・無効の見分け方もできるようになるからです。

以下は、シラバスからの引用です。

「無効同値パーティションをテストケースで使用する場合、複数の故障が同時に起き、1つの故障のみが表面化した場合、他の故障を隠してしまい見逃す恐れがある。故障を隠してしまわないようにするため、他の無効同値パーティションとは組み合わせず単独でテストすべきである。」

これは、有効と無効を区別することで実現したいことの一つです。

例えば、7文字以下という条件に加えて、絵文字も受け付けないパスワードがあったとします。このときに「a😊b」という3文字で絵文字入りのパスワードでテストしたらどうなるでしょうか。システムから「このパスワードは受け付けられません」のようなエラーメッセージが出ると思います。テストにおいてはこのエラーメッセージが「3文字と短すぎるから出た」のか「絵文字が入っているから出た」のかを知る必要があります。なぜなら、「短すぎるから出た」のであれば、絵文字入りのときにエラーメッセージが出るかどうかを確認できないからです。このことをシラバスでは「**他の故障を隠す**」といっているのです。

上記への対策は、「他の無効同値パーティションとは組み合わせず単独でテストする」です。「**エラー系のテストは一つずつ確認する**」と覚えても良いでしょう。

もう一つ、有効と無効を区別することでしたいことがあります。それは、テストに優先度を付け、有効のテストケースの優先度を上げることです。なぜなら、ユーザーに価値を提供するのは有効のみだからです。システムを使う目的が「エラーメッセージを出すこと」であるユーザーはいないはずです。

ところで、一般に開発者は正常系のテストが中心で異常系のテストをしない傾向にあり、逆に、テスターは正常系のテストよりも異常系のテストを好む傾向があります。これを「補完できているから良い」なんて考えてはいけません。この方法では異常系の欠陥が見つかるのはかなり後の工程(例えばシステムテスト)になってしまいます。簡単な修正で済むなら良いのですが、リリース直前で見つかったら「(リグレッションが発生する可能性が嫌なので)直さない」という判断となるかもしれません。また、ソフトウェアはちょっとしたことで、動かなくなりますからいわゆる第三者テストでも正常系は実行してほしいものです。

昨今はテストの自動化が進んでいるのでシステムテストで正常系のテストを手動で実行するのは古い考えかもしれません。

4.3.2　境界値分析

pp.97-
100

　テキストの境界値分析の説明は、「同値分割法の拡張で、パーティションが
数値または順序付け可能な値で構成される場合に、パーティションの最小値と
最大値（または最初の値と最後の値）を選んでテストする」です。

　以前は境界値分析を説明するときに、「端っこの値をテストする」と言って
いたのですが、上記の説明では、端の値以前に「同値パーティションの要素が、
順序付け可能」という前提が示されている点が良いなぁと思います。

　4.3.1 項の冒頭に示したコンビニでの年齢確認の例では、2 つの同値パーティ
ションが見つかりましたので、その最小値と最大値である 0 歳と 19 歳、20 歳
と 139 歳が境界値となります。

　境界値分析ができない例として、画像フォーマットを挙げます。画像フォー
マットを「データロスなし」（BMP、PNG、GIF など）、「データロスあり」
（JPEG など）の 2 つの同値パーティションに分割したとします。このとき、各
パーティションの要素に順序付けはありません。したがって、境界値分析はで
きません。

（1）境界値分析の難しさ

　同値分割法によって同値パーティションが正しく見つかれば、後はその要素
に順序付けが可能であれば、最小値と最大値をテストするだけなので、境界値
分析は機械的にできます。機械的にできるということは頭を使う必要がないと
いうことで、つまりは簡単なはずです。実際に境界値分析そのものは、最小値
と最大値を見つけるだけですから簡単です。

　しかし、多くのケースでは、「同値分割時に境界値の仕様について深く分析
せずに済ませた」ことや「設計や実装時に意図せずに発生した『仕様には存在
しない境界値』」といった仕様が原因のバグが境界値をテストすることで見つ
かっています。

（a） 最小値と最大値の明確化

そもそも「最小値と最大値は、開発の詳細設計やプログラミング時に必要な情報」なのですから、「要求仕様を作成するときにしっかりと仕様について分析し、要求仕様レビュー時に、最小値と最大値について（根拠が示されていないなどの）問題があれば指摘し修正する」ことが根本的な対策となります。

また、「最大値についてはリソースが許す限り」という仕様にすることもあります。例えば、「メモリーを増やせば上限も増える」というわけです。この場合も、「リソース○○が△△の値なら上限は××」というように、リソースと上限値の関係を設計情報として明らかにすることが大切です。

（b） 要求がわかりにくいケース

上記とは別に、要求自体がよくわからずに、開発者が勘違いをして、誤った仕様を書いてしまうことがあります。簡単な例を挙げます。

「今度の研修は来週の、火曜日から金曜日までです」というときの研修実施日の同値パーティションは（来週の）｛火曜日、水曜日、木曜日、金曜日｝です。したがって、境界値分析を行って求めた境界値（テストすべき値）は「火曜日と金曜日」です。

次に「東海道新幹線の『のぞみ号』は新横浜駅を出ると名古屋駅まで停車しません」というときの停車しない駅の同値パーティションを考えてみます。「こだま」が停まって「のぞみ」が停まらない駅は｛小田原、熱海、三島、新富士、静岡、掛川、浜松、豊橋、三河安城｝です。したがって、境界値分析を行い求めた境界値（テストする値）は「小田原と三河安城」です。こちらも簡単です。

でも、よく見てください。「金曜日まで」、「名古屋駅まで」…、同じ「まで」となっていますが、金曜日は同値パーティションに含まれているものの、名古屋は含まれていません！

このように「まで」というのは、なかなか厄介です。いくつか列挙してみます。

《含む場合》

- 火曜日から金曜日まで
- お勧めメニューの端から端まで

《含まない場合》

- 名古屋まで停まらない。
- 暗くなるまでに帰ってきなさい。

《よくわからない場合》

- 会議時間は 13 時から 15 時まで
- 入学までに自分の名前ぐらいは書けるようになってほしい。

　上記では、「まで」について書きましたが、実は「以上」や「以下」も危険な言葉です。なぜなら、日本では「3 以上」といえば、3 を含むと決まっていますが、中国語で「3 以上」というと、3 を含まないからです。「以下」も同様です。中国の方とテストを実施するときには、事前に「その値を含むのかどうか」について、数学の記号を使い、「x≦3」なのか「x<3」なのかについて、確認しておいたほうが良いかもしれません。

　「起算して」も間違えやすい言葉です。「宿泊のキャンセル料は宿泊日から起算して、5 日前は 0%、3 日前は 50% となります」という仕様などです。

（c）　実装時の悩ましさ

　また、境界値はコンピュータの実装上も悩ましいことがあります。

　例えば、カレンダーの「丸 1 日」を指定するときに、「00:00:00 から 00:00:00」として、「0 時以降、翌日の 0 時未満」と実装してあるスケジュール管理アプリ A があってもよいです。そのアプリはまったく問題なく機能することでしょう。また、別のアプリ B では丸 1 日を指定するときに、「00:00:00 から 23:59:59」として、「0 時以降、当日の 23 時 59 分 59 秒以下」と実装してあってもよいです。そちらもまったく問題なく機能することでしょう。でも、このとき、アプリ A が書き出したスケジュールデータをアプリ B で読み込んだら変なことが起きるかもしれません。

このように境界値の辺りは、霧につつまれて、もやっとしていることが多いものです。したがって、霧の中を運転するときに、スピードを落として運転するように、境界値についてもテスト設計のスピードを落として慎重にテストケースをつくる必要があります。

それでは、そんな境界値分析をどのように行うのか学んでいきましょう。

（2）無効同値パーティションはどこまでなのか

「コンビニでお酒を買おうとしたときの年齢確認タッチパネル」を例にして考えてみます。年齢を以下の2つの同値パーティションに分けてみます。

①　20歳未満：0歳、1歳、2歳、…、17歳、18歳、19歳

②　20歳以上：20歳、21歳、22歳、…、137歳、138歳、139歳

境界値分析は、「パーティションが数値または順序付け可能な値で構成される場合に、パーティションの最小値と最大値（または最初の値と最後の値）を選んでテストする」テストですから、境界値分析をしてみると、それぞれの同値パーティションの境界値（最小値と最大値）として、次のものが見つかります。

①　20歳未満：0歳、19歳

②　20歳以上：20歳、139歳

さて、①の無効同値パーティションは、「マイナス無限大からマイナス1歳」です。境界値としては「マイナス無限大」と「マイナス1歳」です。「マイナス無限大」といってもコンピュータ上の変数が取りうる値は変数の型で決まりますので、16ビットの符号付 short 型なら「－32768～32767」の範囲となります。マイナス無限大の代わりに「－32768」をテストすべきかどうかはテスト対象の状況によって変わります。さらに、変数の範囲を超える「－32769」についても同様です。筆者は、変数の型の考慮は、コンポーネントテストで開発者自身が考えるのが妥当だと考えています。

上記と重複しますが、境界値分析で実施するテストは、無効同値クラスを考慮して、－1歳、0歳、19歳、20歳、139歳、140歳としておけば十分です。変数のオーバーフローについては開発者自身が実施するコンポーネントテスト

で確認します。

(3) 3ポイント境界値分析

　これまで説明した境界値分析は、「2ポイント境界値分析」とも呼びます。2ポイントがあれば3ポイントもあります。結論からいうと、「**3ポイント境界値分析**」は、**同値分割したときの同値パーティションの最小値と最大値が信用できないときに使います。**信用できない例として、まず、東海道新幹線のぞみ号停車駅の話を再掲します。

　「東海道新幹線の『のぞみ号』は新横浜駅を出ると名古屋駅まで停車しません」というときの停車しない駅の同値パーティションを考えてみます。「こだま」が停まって「のぞみ」が停まらない駅は｜小田原、熱海、三島、新富士、静岡、掛川、浜松、豊橋、三河安城｜です。したがって、境界値分析を行い求めた境界値(テストする値)は「小田原と三河安城」です。

　こちらについて、新横浜～名古屋まで、「こだま」が停まって「のぞみ」が停まらない駅の境界値(最初の値と最後の値)を「小田原と名古屋」と勘違いしたとします。

　勘違いした想定では停まらない駅の最初の値と最後の値は「小田原」と「名古屋」ですから、「最小値−1、最小値、最大値、最大値+1」を「最初の値の1つ前、最初の値、最後の値、最後の値の1つ後」と読み替えれば、「2ポイント境界値分析」でテストすべき境界値は、「新横浜、小田原、名古屋、岐阜羽島」と導くこととなります。なお、勘違いしたために、三河安城が入っていません。**これでは本当の最後の値である「三河安城」がテストされません。**停まらない駅に対して、本来テストすべき境界値は「新横浜(最初の値の1つ前)、小田原(停まらない最初の値)、三河安城(停まらない最後の値)、名古屋(最後の値の1つ後)」です。

　ここで、「**仕様に現れた値とその前後の3ポイントをとる**」という方針で考え直してみます。仕様は、「東海道新幹線の『のぞみ号』は新横浜駅を出ると名古屋駅まで停車しません」でした。仕様に現れている駅は、「新横浜駅」と

「名古屋駅」です。

「仕様に現れた値とその前後の3ポイントをとる」という方針で駅を選んでみましょう。すると、仕様に現れた新横浜と名古屋の前後を含め「品川、**新横浜、小田原**」と「三河安城、**名古屋**、岐阜羽島」の6ポイントとなります。この6つの駅には、「2ポイント境界値分析」で正しい境界値である、**テストすべき「新横浜、小田原、三河安城、名古屋」の4つがすべて含まれている**ことに注意してください。

テスト回数は4回から6回と1.5倍に増えますが、境界値のテスト漏れをなくすという点では優れています。つまり、「3ポイント境界値分析」の結果選ばれた3値は、必ずパーティションの前後の2つの値(バイザー(Beizer)流の2ポイント境界値が正しく行われたときに選ばれる2つの値)を含みます。

ここまで述べてなんですが、筆者は、境界値が何かについて確実にわかっているのなら「3ポイント境界値分析」は不要(使う意味なし)で「2ポイント境界値分析」で十分と思っています。

(4) いろいろな境界値

(a) ループ境界

整数型の変数をカウンターとして扱うことがあります。例えば、符号付8ビット整数型(char)変数をカウンターとして使うことができます。8ビットしかないため、扱える整数の値の範囲は-128〜127です。話を簡単にするため、この変数を使用した場合を考えてみます。

このときに、2進数表記で、0000 0000(0)から0111 1111(127)までは、順調にカウントアップします。ところが、その次のカウントアップで、1000 0000(-128)となってしまいます。125、126、**127**、-128、-127、-126、…、です。127の次は一周回って、-128につながるイメージです。筆者はこれを「ループ境界」と呼んでいます。

これは、カウンターとして利用する変数の型の(大きさの)検討が不足しているだけでなく、カンスト(和製英語なので外国ではCounter Stopと言わないと

通じません）忘れのバグも多いものです。カンストとは例えば、エアコンの設定温度を上げていって高温の温風が吹いていると思ったら設定温度の最大値で止まらずに冷風が吹き出したり、音量ゼロ（無音）の状況で音量を下げる［↓］ボタンを押したら大音量になったり、TV ゲームで画面の右端にいたキャラクターが左端から現れたり、などといったものもあります。似たような経験を皆さんされているのではないでしょうか。よく起こる問題なので、今テストしている商品やサービスで発生しても不思議ではありません。

　さて、ループ境界のテストは正攻法では難しいものです。どうしたら良いかというと、まずは、どのようなカウンターをもっているかについて設計書に書き出してもらい、懸念点をレビューしましょう。そして、テスト用にカウントの値を水増しするツールを用意してもらってテストします。

　筆者の経験では、レビューでほとんどの問題は指摘されました。また、どうしてもカウンターが必要な場合は案外少ないことがわかりました。例えば、前後関係を調べることが目的なら日時データで代用できますし、ファイル名が重ならないようにしたいならユニークなファイル名を作成する方法が用意されています。

（b）　正規表現

　正規表現とは文字列をパターンで表現することで、例えば、郵便番号を検索したいときには、「¥d{3}¥-¥d{4}」という文字列が使えます。ここで、「¥d{3}¥-¥d{4}」は、3 桁の数字にハイフンの後、4 桁の数字を表しています。

　この正規表現を入力したデータのチェックに使う場合があります。例えば、名前の「ふりがな」が「ひらがな」となっていることをチェックするために、正規表現の [あ - ん] を使ってしまう人がいます。

　これについて、テストをしても、ひらがなは受け付け、それ以外は拒否するため［合格］としてしまいがちです。ところが、[あ - ん] の指定では、小さな「ぁ」が漏れています。「ぁ」を名前に、もつ人は少ないのでリリース後もなかなか問題に気づきづらいものです。

また、ひらがなではなく、カタカナを指定しようとして[ア‐ン]とすると、[ァヴヶ]が漏れます。半角カタカナでは、[ヲ‐ン]と指定するとすべての半角カタカナを指定したことになります。

このようなバグは、「それを知っていたかどうか」だけの問題です。したがって、変わったバグのニュースなどを覚えておくしかないと思います。

pp.102-
105

4.3.3　デシジョンテーブル

デシジョンテーブルとは、「ソフトウェアがもつ（複雑な）論理判定を正確に表現した表」のことです。論理とは"if"とか"and"とか"or"のことです。日本語では「決定表」と呼びます。

ここで、「組合せ規則」とは、例えば、「デニーズの『デニモバクラブ』では、会員と小学生以下の子どもの誕生月に『特典クーポン』が配信される」といった複数の条件が組み合わさったときに発生する規則のことです。条件の組合せを表にすることで、組合せ条件のテスト漏れを防ぐことができます。

なお、決定表の用語やフォーマットについては、JIS X 0125:1986「決定表」を参照してください。重要なルールは、次の3つです。

　① 条件の指定は Y/N
　② 動作の指定は X
　③ 「条件と動作のセット＝列」のことをルール（規則）と呼ぶ。
図4.3のように、行は条件と動作を記述し、列がルールとなる。

（1）デシジョンテーブルの歴史と用途

ソフトウェアの設計にデシジョンテーブルが使われ出したのは、1958～59年だそうです。そして、1960年から、デシジョンテーブルからソースコードを自動生成する試みが行われています。

ISO 5806という規格では、単適合決定表（single-hit decision table）と呼ばれる強い制約をもったデシジョンテーブルを取り扱っています。(3)項で紹介する（応用範囲の広い）多重適合決定表（multiple-hit decision table）についての規

	種別判定表	1	2	3	4	5
条件	A=B=C	Y	N	N	N	N
	A=B && B≠C		Y	N	N	N
	A=C && C≠B		N	Y	N	N
	B=C && C≠A		N	N	Y	N
動作	正三角形	X				
	二等辺三角形		X	X	X	
	不等辺三角形					X

出典）「ASTER セミナー標準テキスト」、
p.102

図4.3　デシジョンテーブルの例

格化は行われていません。

　ところで、セミナーなどでデシジョンテーブルについて説明すると受講者から「デシジョンテーブルは、設計の手法ですよね？　開発者がつくってテストエンジニアはそれを使ってテストケースをつくるほうが良いですか？」という質問をよく受けます。セミナーを2〜3回実施すると、1回ぐらい受けます。そういうときには、「デシジョンテーブルは、設計にもテストにもリリース後の障害切り分け時にも役に立ちます。ですから、デシジョンテーブルをつくるスキルをもった関係者が集まって一緒につくるのが良いです」と曖昧な答えをしています。

　曖昧な答えとなっているのは、開発者がつくるデシジョンテーブルには通常は、「補集合」についての条件は書かれないからです。テストエンジニアはテスト用にデシジョンテーブルを書き換えるか、テストケースをつくるときにその配慮をする必要があります。でも、デシジョンテーブルを習いたての人にそういう細かい話をしても混乱するか、面倒で難しそうだから使うの止めようと敬遠されてしまうと思うので曖昧な答えとなってしまいます。

(2)　デシジョンとコンディション

　デシジョンテーブルの説明に入る前に、知っておく必要がある用語がありま

す。それは、「デシジョンとコンディションの違い」についてです。

デシジョン(decision)は、「決定」あるいは「判定」と訳されます。一方、コンディション(condition)は「条件」ですが、そのまま「コンディション」でも通じます。

テストエンジニアとして知っておく必要があるのは、例えば、

　if ((a>3) & (b<4)) { xxx } else { yyy }

といった(擬似)コードがあったときに、「a>3」と「b<4」を条件(condition)と呼び、(if文で)分岐するために、真・偽を明らかにすることを判定(decision)と呼ぶということです。

(3) 単適合決定表と多重適合決定表

前述のとおりデシジョンテーブルには、単適合決定表と多重適合決定表の2種類があります。ただし、ソフトウェアテスト関係の書籍やソフトウェアテストのシンポジウムなどの発表で見かけるデシジョンテーブルは、単適合決定表のみと考えてかまいません。ソフトウェアテストでは、単適合決定表しか使わないからです。

なお、今どき、多重適合決定表を書く開発者はほとんどいません。組み合わせたときに特別な振る舞いがあまり多く発生しない要求を素直に表現するには、多重適合決定表のほうがコンパクトに書けるので適しているのですが。

デシジョンテーブルは、簡単には、次のように覚えておけば大丈夫です。

「デシジョンテーブルは、着目しているルール(列)の条件が成立したら動く動作の行に "X" を書き、そのルール列にある条件の組合せが満たされたときに、Xが付いた動作を実行すると読みます。」

(a) 単適合決定表と多重適合決定表の違い

ルール(列)の1番から順に条件の組合せがマッチするかチェックしていき、最初に成立(ヒット)した**ルールに対応する動作のみを実行**し、表のその後のルールはチェックせずに打ち切る読み方をするデシジョンテーブルを単適合決定

表と呼びます。一方、適合した列でチェックを打ち切らずに、**最後までルールをチェックし条件とマッチしたルールに対応する動作をすべて実行する**デシジョンテーブルを多重適合決定表と呼びます。

　単適合か多重適合かの区別は、デシジョンテーブルのフォーマットを見ただけではわかりません。設計段階で区別して書き、その違いをコーディングに反映する使い方です。デシジョンテーブルからテストケースをつくるときには、常に多重適合決定表として取り扱い、すべてのルールのテストケースをつくります。以下にそれぞれ詳しく説明します。

(b)　単適合決定表

　単適合決定表は、どれか一つのルールが選ばれるタイプの、皆さんが見慣れたデシジョンテーブルです。

　擬似的なソースコードでいえば、

```
if (条件 1) |
動作 1
|
else if (条件 2) |動作 2|
else if (条件 3) |動作 3|
else if (条件 4) |動作 4|
  ⋮
else |補完動作|
```

のように条件が「else if(条件)」でつながれ、マッチしたどれか一つの条件の|動作| だけを実行する制御構造です。

　最後の行の「補完動作」を、JIS X 0125 では「補完規則」(ELSE-rule)と呼びます。普通は、実施可能なすべての組合せをデシジョンテーブルに書きますから、補完動作は書く必要がありません。

(c) 多重適合決定表

多重適合決定表は、すべてのルールを1から順にチェックし、マッチした場合、その動作を行うデシジョンテーブルです。

疑似的なソースコードでいえば、

if（条件1）｛

動作1

｝

if（条件2）｛動作2｝

if（条件3）｛動作3｝

if（条件4）｛動作4｝

｛補完動作｝

のように「if(条件)」が続き、マッチした条件の ｛動作｝ がすべて実行される制御構造です。

最後の行の「補完動作」には、常に実行するものを書きます。

(4) 補集合、および有則・無則・禁則
(a) 補集合

テストは、仕様書に書いてある条件（条件の組合せを含む）での動作確認だけでは不十分です。仕様書に書かれていない条件についてもテストする必要があります。前述の「補集合」もその一つです。

テストにおいて、補集合は大切な概念なのでもう少し説明します。

例えば、「65歳以上と学生に対して割引料金で入館可能」という仕様があったときに、開発者は、65歳以上 ｛Yes, No｝、学生 ｛Yes, No｝ という条件の組合せを考えて、

65歳以上・学生 ｛Y・Y⇒ 割引，Y・N⇒ 割引，N・Y⇒ 割引，N・N⇒ 通常料金｝

のようなルールと考えて、デシジョンテーブルに整理して設計します。ところが、テストでは、補集合について、詳しく考えます。例えば、全体である

「人」は、{65 歳以上の学生，65 歳以上（で学生ではない人），（65 歳未満の）学生，その他} に同値分割できるはずです。「N・N」と「その他」は同じものともいえますが、テストではこれを「補集合」と考えて、もう少し詳しく分析します。ベン図を描くとわかりやすいかもしれません。

　テストのデシジョンテーブルには、「その他の人」という条件 行 としておき、テストケースをつくるときに、その他の人の具体化を行います。例えば、「幼児」や「年齢確認ができない人」などです。「幼児」に対しては、無料にするという仕様が漏れているのかもしれませんし、「年齢確認ができない人」に対しては、生年月日と干支が合っていることをもって年齢確認の代替とするという仕様が隠れているかもしれません。

（b）　有則、無則、禁則

　補集合に加えて、有則と無則と禁則の理解も必要です。

　有則と無則のテストにおける概念については、2008 年の『情報処理』誌に掲載された松尾谷徹氏の論文「ソフトウェアテストの最新動向：7. テスト／デバッグ技法の効果と効率」が始まりだと思います。そこでは、次のように定義されていました。

- 有則：仕様で定義された条件とそれに対応する動作の集合
- 無則：仕様では定義されていないが入力可能な条件とその条件における動作の集合。有則の補集合に相当する。

　デシジョンテーブルテストでは、有則の組合せについてテストしますが、条件については補集合まで考えます。補集合まで考えると Y/N の 2 値では足りなくなることがありますので、JIS X 0125 とは異なる形式のデシジョンテーブルを使用することがあります。

　無則の組合せについては、組合せテストで網羅的に無害であることのテストをします。

　以下を整理すると、**表 4.2** のようになります。

　なお、有則の組合せテストでは、組合せがあり得ない制約条件（例えば、A

表4.2　デシジョンテーブルテストと組合せテストの比較

	デシジョンテーブルテスト	組合せテスト
条件	有則と無則	有則と無則
条件の組合せ	有則	無則を中心とする

とBとCはどれか一つしか選択できないなど)によって、すべての組合せから
テスト可能な組合せに絞り込みます。

(5) 拡張指定

　条件にY/Nではなく拡張指定を用いることがあります。例えば、学生の区
分に対して、小学生 {Yes, No}、中学生 {Yes, No}、高校生 {Yes, No}、
大学生 {Yes, No} として、デシジョンテーブルの4行を使ってつくっても良
いですが、学生 {小学生, 中学生, 高校生, 大学生} として、1行にして、セ
ルの中にY/Nではなく、小学生、中学生、高校生、大学生を書くこともでき
ます。これを拡張指定と呼びます。

　拡張指定を行うときには、排他となるように気をつける必要があります。例
えば、年齢 {20歳未満, 20歳～65歳未満, 65歳以上, 80歳以上} と拡張指
定でつくった場合、つくった人の意図として、65歳以上は「65歳～79歳」だ
ったとしても、そのまま素直に解釈すれば、90歳は、「65歳以上」と「80歳
以上」の両方に当てはまります。つまり、年齢条件の要素は、排他になってい
ません。Y/NやT/Fや○/×はそもそも排他なので、このような問題は表の
中では起こりませんが、拡張指定ではうっかりしやすいので注意してつくりま
す。

(6) デシジョンテーブルの実践編

　基礎を踏まえた実践編ということで、「デシジョンテーブルの簡単化」と
「デシジョンテーブルのルールとテストケースの関係」と「デシジョンテーブ
ル2つの形式」の3つについて述べます。

どれも、デシジョンテーブルテストを実施するときには知っておいたほうが良いことです。

（a）　デシジョンテーブルの簡単化

デシジョンテーブルの簡単化とは、条件の全組合せだと巨大化してしまうデシジョンテーブルに対して、「条件の一部をズームアウトすること」や「全組合せのテストを諦めて、妥協できる網羅基準で小さなデシジョンテーブルに変える」ことです。

ここでは、「簡単化する方法の説明は最小限として、簡単化の意味や注意点」を中心に説明します。簡単化の方法については、拙著『ソフトウェアテスト技法ドリル』（日科技連出版社）の第3章「面で逃がさない」をご参照ください。

まずは、説明のための例題の仕様です。

《仕様》
- 水曜日のみ女性には女性割引が適用される。
- 水曜日かどうかの判定の後に女性かどうかの判定を行う。

このときに、通常のデシジョンテーブルをつくると、以下のようになります。

	1	2	3	4
水曜日	Y	Y	N	N
女性	Y	N	Y	N
女性割引	X			

これを簡単化すると、次のようになります。

	1	2	3
水曜日	Y	Y	N
女性	Y	N	－
女性割引	X		

要は、水曜日が"N"のときには、女性かどうかにかかわりなく女性割引は適用されないので女性の条件には「"Y"と"N"のどちらでもかまわない

"－"マーク」を書き込み、4つのルールを3つにするのが簡単化です。

この簡単化したデシジョンテーブルからテストケースをつくります。例えば、以下のようにテストケースをつくります。

ルール1に対するテストケースは、次のようになります。

- 入力：水曜日で女性
- 期待結果：女性割引となる

ルール2に対するテストケースは、女性が"N"となっている点が気になるところです。女性が"N"を"男性"としてテストすればよいのでしょうか。もちろん男性のテストは必要ですが、性別を確認できない条件でもテストしたいところです。したがって、次のようになります。

- 入力：水曜日で男性
- 期待結果：女性割引とはならない
- 入力：水曜日で性別確認できず*
- 期待結果：女性割引とはならない

GUIや入力や運用仕様にもよりますので、あくまでも考え方の例としてです。

ルール3に対するテストケースは、もっとモヤっとします。

まず、水曜日が"N"について、どうしましょう？　同値分割をして、水曜日以外の同値パーティションから一つ(例えば月曜日)をテストしたら良いでしょうか？　曜日には順序が付けられるので、水曜日以外を境界値分析するほうが良いでしょうか？　そのときは、日曜日と土曜日が境界値でしょうか？　それとも水曜日の直前の火曜日と、直後の木曜日が境界値でしょうか？　ひょっとしたら、

- 無効同値パーティション：日、月、火
- 有効同値パーティション：水
- 無効同値パーティション：木、金、土

と考えて日火木土の4曜日をテストする人がいるかもしれません。

---

*操作としては、性別のラジオボタンを両方オフにすることを想定するようなテストケースが考えられると思います。

　次に、女性の"－"が悩ましいです。どちらでも良いのだから、"Y"でも"N"でも同じと考えますか？　それとも、このロジックが AND である（かもしれない）ことを想定して"Y"にすることで、「水曜日でなかったらもう一つの条件が整っていても女性割引にならない」こと（言い換えれば、水曜日が"N"の条件が結果に影響を与えていること）を確認しますか？

　そもそも簡単化している箇所が一番バグを作り込んでしまう箇所じゃないの？　という話もあります。コンポーネントテストのようなテスト対象が小さいうちには、簡単化は行わず全組合せをテストしたほうが良いという考え方もあります。

　この話を深追いすると簡単化が使えなくなるので、「気になった人は、簡単化で見つからなくなるバグがつくられるパターン」について考えてみてください。

　これらのモヤモヤは、テスト分析で「網羅基準を決めていない」ことが原因です。「（いちいち網羅基準を決めるのは面倒だから）なんとなく状況を察して、いい感じにテストケースをつくってよ」というのがテストの現場の本音だと思います。

　テストの 7 原則（**1.3 節を参照**）の原則 6 にあるとおり「テストは状況次第」ですので、「この網羅基準を使え」という正解はありません。例えば、水曜日が"N"の条件のルールに対して、残りの日月火木金土の 6 つの曜日を全部確認することが正解の場合もあるでしょう。もしも、以前のバージョンでは、水曜日ではなく火曜日が女性割引の曜日だったら"火曜日"をテストすべきでしょう。まさに、「**テストは状況次第**」です。

（b）　デシジョンテーブルのルールとテストケースの関係

　デシジョンテーブルのルールとテストケースの関係とは、「デシジョンテーブルのルールの数」と「テストケースの数」との関係のことです。基本は 1 対多になります。すると以下のような問題が発生します。

① メンテナンスの手間がかかりすぎる。

テストの実施中に「条件漏れ」が見つかることはよくあります。例えば、電子マネーの種類について、「スマホアプリ」が漏れていたなどです。そのようなときに、テスト分析に使ったチャートを直して、デシジョンテーブルを直して、テストケースを直すのは面倒です。

怖いのは、「面倒だから、『スマホアプリ』はテストはするけど、デシジョンテーブルやテストケースは直さない」という人が現れることです。

「直さないけど、テストはするので文句ないだろう」と思う人が多いのですが、百歩譲ってそのプロダクトのテストとしては良いとしても、次のバージョンアップ時に「スマホアプリ」が漏れているデシジョンテーブルが参照され再利用されることを考えると怖いのです。

② つくったテストケースのレビューができない。

デシジョンテーブルから作成したテストケースは条件の値が違うだけで同じフォーマットの文章のことが多いので、読んでいると集中が途切れがちです。また、ナラティブ(散文的)な文章をリバースして条件のセットを見つける作業は手間がかかります。ですから、テストケースのレビューをしても、「この機能に対して○○件もテストケースがあるのなら大丈夫でしょう」という、いい加減なレビューとなりがちです。

対策としては、CEGTest のようなツールを使うことです。組合せの網羅基準は自動的に決まりますし、メンテナンスもツールに入力する条件を更新するだけで済みます。

(c) デシジョンテーブル 2 つの形式

デシジョンテーブル 2 つの形式とは、基本的な形式と、CFD 法で見かけるデシジョンテーブルの形式の違いのことです。ここでは、違う理由についても述べます。

まずは実物を見てみます。普通のデシジョンテーブルとして、前掲の女性割引のものを再掲します。

	1	2	3
水曜日	Y	Y	N
女性	Y	N	−
女性割引	X		

こちらについて、CFDで見かけるデシジョンテーブルの形式で表すと、次のとおりです。

			1	2	3	4	合計
条件	曜日	水曜日	1	1	1		3
		水曜日以外				1	1
	性別	女性	1			1	2
		男性		1			1
		確認できず			1		1
処理	女性割引	あり	1				1
		なし		1	1	1	3

この表で「1」が入っているセルが選ばれている条件です。また、合計は、単に横合計で、ここが0だと一度もその条件のテストがされないことを意味します。これは、手作業で表をつくるためについ・・・・うっかりと条件の選択漏れを引き起こすことを防止することが目的です。特に大きな表になると実用的なテクニックです。

この表の良さは、「曜日は『水曜日』か『水曜日以外』」、「性別は、『女性』か『男性』か『確認できず』」というように、それぞれの条件について同値分割をどのように行ったか、分割後の**同値パーティションは排他関係にあるか**を行見出しでチェックできることです。同値分割法のところで学んだ「補集合」についてのレビューも簡単にできます。また、多値の条件もルールのセル内に書く必要がないため、ルールの抜け漏れチェックの負担が軽くなります。

一方で、全部の組合せをつくってから簡単化したいという場合は、普通のデシジョンテーブルのほうが簡単です。なぜなら、先に2の条件数乗分の列をつ

くってから、1行目について半分を Y 残り半分を N、2行目について1行目の Y の下を半々に1行目の N の下を半々に…、とすることで機械的につくれるからです。

ということで、CFD 法で見かけるデシジョンテーブルの形式は、手作業でCFD からデシジョンテーブルを作成する上級者向けかなと思います。

pp.108–109

4.3.4 状態遷移テスト

状態を遷移させるテストが状態遷移テストです。遷移しない仕様(無効の状態遷移)もテストします。状態遷移テストというと、「画面を切り替えたときに入力したデータが保持されているか?」といったことを確認するために、「画面を行ったり来たり彷徨う」テストで使用することが多いようです。ほかにも、例えば、自動販売機で、釣銭がないときに、「釣銭切れランプが点いているか?」であるとか、「200 円を投入してから、140 円の購入ボタンを押したらどうなるか?」といった、事前に「ある条件」にセットしておいてから、入力を与えるテストで使用します。

画面遷移や自動販売機の場合、テスト対象を状態遷移モデル(状態遷移図など)で表現し、その状態遷移モデルを網羅するテストをつくることが多いので、「状態遷移テスト」をモデルベーステストの一つと認識している人もいます。

もっと単純に、仕様書にステートマシン図(UML 2.0 で定義された state machine diagram)が設計書に描いてあったときに、その図を網羅するテストを作成するテスト技法のことを「状態遷移テスト」と呼ぶと考えている人もいます。

そこで、以下では状態遷移テストの基礎固めをしたいと思います。

(1) デシジョンテーブルテストだけで十分か否か

同値分割法と境界値分析は一つのパラメータの範囲の話だから、複数のパラメータの組合せをテストするデシジョンテーブルテストが必要なのはわかります。しかし、ソフトウェアは詰まるところ所与のデータ(入力)を処理するだけなのだから条件を与える順番を考慮したデシジョンテーブルテストを用いたら

どんなソフトウェアテストであっても十分にテストを書き尽くすことが可能なのではなかろうか、と思われたことはないでしょうか？

　可能か不可能かでいえば、可能です。しかし、「ステートマシン図」から「状態原因」を抽出してデシジョンテーブルをつくることは大変ですし、できたとしても、Nスイッチテストのような複数の状態遷移パスをつくることはとても困難です。

(2) 何がカギなのか

　前述の「ソフトウェアは入力を処理するだけなのだからデシジョンテーブルで十分に書き尽くすことが可能」というのはテストを学び始めたころの筆者の考えです。

　「ソフトウェアの振る舞いは入力で決まる」のは、そのとおりなのですが、入力には、いくつか種類があって、それごとにテストを考えると良いことに気がつきました。入力の種類は、FRAM(The Functional Resonance Analysis Method：機能共鳴分析手法)が定義している機能の6つの要素で示された5つの入力の種類分割がわかりやすいと思ます。

　図4.4の中央にある6角形がFRAMでモデル化した機能です。その周りの四角は、それぞれの要素の位置づけがわかりやすいように、筆者が書き加えたものです。このようにFRAMでは、機能は5つの入力(入力I、前提条件P、資源利用R、時間制御T、動作制御C)を受けて、1つの出力(出力O)を出すという、6つの要素をモデル化しています。

　テスト条件を見つけるときのカギの一つは、入力を種類別に分けて考えることです。

　まず、「入力Iが(振る舞いや)出力Oに与える影響」を確認するためにデシジョンテーブルテストが有効です。厳密にいうと、FRAMの入力Iは機能を動かし始めるトリガーなのですが、それは、FRAMが大きな意味で機能を捉えているためだと思うので、ここでは、普通に、デシジョンテーブルの条件を入力と考えていただいて大丈夫です。

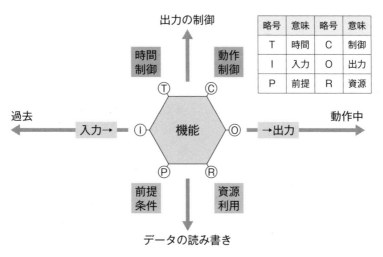

図 4.4　FRAM ダイアグラムの機能（要素）

　次の入力の種類である「前提条件 P が振る舞いや出力 O に与える影響」を確認するために有用なテストは何でしょうか？　筆者はこれが状態遷移テストだと考えています。

　残りの、資源利用 R、時間制御 T、動作制御 C についてですが、資源利用 R に着目したテスト技法は、リソースパステストだと思います。時間制御 T と、動作制御 C に着目したテスト技法はモデルチェッキングが対応します。なお、モデルチェッキングといってもさまざまな種類があります。状態遷移テストを網羅的に自動実行するものをモデルチェッキングと呼ぶこともあります。

(3)「状態」の正体

　結論からいえば、**状態は、前提条件 P のことで、前提条件 P とはソフトウェアでいえば「状態変数の値の組合せ」**です。この結論にたどり着くため、次のような奇妙な現象を想像してみてください。

> 走行ラインを越えると、コンソールに警告メッセージを出す自動車の機

能があったとします。概ね期待どおりに機能するのですが、ハザードランプを点滅させていると、走行ラインを越えても、警告メッセージが出ないという不思議な現象が起こりました。

「警告メッセージが出ない」という現象は安全にかかわりますので、直さないわけにはいきません。この原因は、ソフトウェアが、ハザードランプの点滅をウィンカー（方向指示器）の点滅と誤認したことによりました。

ウィンカーはそもそも、右折・左折、そして、車線変更などの走行ラインを越えるという情報を後続車や周囲に伝えることが目的ですから、ウィンカーが点滅中に、その方向に走行ラインを越えても警告メッセージを出してはいけません。一方、ハザードランプは一般的に緊急事態を伝えることが目的であり、車線変更に限りません。

さて、もう一段階深掘りをしてみます。なぜ「ソフトウェアは、ハザードランプの点滅をウィンカーの点滅と誤認識した」のでしょうか？　その理由は、どちらも同じランプを使っていることから、「点滅中は同じ変数が"ON"となっていた」ためです。つまり、

- ハザードランプが点滅中の状態：変数 X が"ON"
- ウィンカーが点滅中の状態：変数 X が"ON"

だったので、変数 X の値のみを見ていたソフトウェアは警告メッセージを出さなかったというわけです。

ここまでわかれば、ハザードランプのときには左右のウィンカーの点滅状態を保持する変数が左右ともに"ON"である仕組みを使って修正すればよいですね。つまり、

- ハザードランプが点滅中の状態：変数 X 右が"ON"で、かつ、変数 X 左も"ON"
- ウィンカーが点滅中の状態：変数 X 右が"ON"なら変数 X 左は"OFF"、もしくは、変数 X 左が"ON"なら変数 X 右は"OFF"

ということです。

ここで、着目してほしいのは、「ソフトウェアでは状態を変数の値の組合せで認識している」ということなのです。

(4) テストすべきパスの作成方法

状態遷移テストのテストすべきパスを手作業でつくる場合は、**状態遷移図にあるすべての状態を書き出して、そこから2回遷移をたどってテストすべきパスを見つけます。これを1スイッチテストと呼びます。**

(状態 A)——(状態 B)——(状態 D)
└(状態 C)——(状態 E)
(状態 B)——(状態 D)——(状態 F)

という具合です。状態遷移図をたどりながら、遷移(線)にマーカーを引いて行けば、パスの抜け漏れを簡単に見つけることができます。

(5) 状態の見つけ方

状態遷移図から状態遷移表やNスイッチカバレッジテストは手作業でつくらないほうが良いです。コストの面から考えてもツール(例えば、GIHOZ)を使うべきです。

ところで、テストエンジニアが描く状態遷移図の状態は具体的なものが望まれます。例えば、100円玉しか受け付けない自動販売機(商品の価格は一律140円とします)があったときに、投入金額(という状態変数)について、開発者は、「購入不可」と「購入可」の2つの状態を描くことが多いと思います。仮に自動販売機の商品の価格が140円だったら、投入金額が0円と100円なら「購入不可」の状態で、200円以上なら「購入可」の状態というわけです。プログラムを組む上で、一般化した状態区分でまったく問題がない、というよりも、そのほうがプログラムをつくりやすく、商品の価格の仕様変更にも柔軟に対応できるからです。仕様書には、そのような状態遷移図が描かれます。

ところが、テストエンジニアが描く状態遷移図の状態は、具体的な「0円」、「100円」、「200円」、「300円」のほうが望ましいのです。具体化したほうが、

投入金額が「200円」のときと「300円」のときで、「商品購入後に遷移する状態は変わるのかな？」といった疑問が浮かぶからです。

さて、それでは、どうやってそのような状態を見つけるかですが、(3)項で説明した「**状態は、『状態変数の値の組合せ』**」を思い出してください。

どのような変数が存在するのか。それは、設計書を見ればわかります。設計書がなければソースコードを見ればわかります。

次に、変数のうち、関数の引数以外の変数に着目します。というのは、引数は関数を動かすときの入力に当たるからです。引数ではなく、関数の途中で利用される変数(関数をコールして値をセットしているもの)に着目します。例えば、購入した品物の合計金額を求めるときに、一品ごとの金額は入力ですが、消費税率のような変数は状態を保持している変数(以降はこの意味で、「状態変数」と呼びます)があります。

状態変数が見つかったら、次はその変数に格納する値をチェックします。例えば、車のワイパーの状態を格納する変数を見つけたら、その状態変数には、ワイパーの動作モード0(停止)、1(間欠)、2(通常)、3(高速)を格納しているのか、それに加えて間欠動作のときの速さを5段階で格納する状態変数があるのかなどを調べてその値を状態にして状態遷移図をつくります。

(6) 状態遷移テストの網羅基準

状態遷移テストの中でも1スイッチテストを使うことをお勧めします。なぜなら、ある状態遷移でデータを破壊したとしても、データが壊れた状態で遷移するテストをしないと不具合現象として現れないからです。2スイッチテストについては、そこまで前に行った操作による状態遷移を覚えている箇所は少ないので、通常のソフトウェアでは不要と思います。

なお、筆者は、モード(mode)の切り替えと、状態(state)の遷移を分けてテストしています。モードは、エアコンでいえば、「暖房」、「冷房」、「除湿」といった大きな状態遷移のまとまりで、それぞれの中で「温度」、「風量」、「風の向き」などの条件(condition)の組合せによって状態が決まり、状態遷移を起

こすというアプローチです。

pp.114–120

4.3.5 ユースケーステスト

ユースケーステストとは、ユースケースのシナリオを実行するテスト技法です。本項では、ユースケースの説明から始めます。

(1) ユースケースとは

ユースケースは、スウェーデンのヤコブソン(Ivar Hjalmar Jacobson)が、エリクソン社でソフトウェアの機能的要求を特定するために考案した振る舞いを把握するための技法で、1986年に発表されました。機能的要求や振る舞いなので、「**非機能要求**」についてはユースケースにはほとんど**表現されません**。

ユースケーステストをするときには、「(テストレベルに合わせて)どのレイヤーのユースケーステストをしようとしているのかを考える」ことが大切です。さらに、テストは実際に手を動かして結果を記録するものですから、抽象的な概念よりも、具体的な「もの」や「こと」のユースケース記述が望まれます。そして、「**ユースケース図からではなくユースケース記述からテストをつくること**」をします。

ところで、UML 2.5.1 2017 ではユースケースについて、「各ユースケースは、1つのサブジェクトと1つ以上のアクターとの相互作用による振る舞いを明確にする。ユースケースは、相互作用とアクティビティ、さらには事前条件、事後条件で記述できる。必要に応じて自然言語でも記述できる。」としています。

UML 2.5.1 の定義を読んで「よし、わかった」という人は少ないのではないでしょうか？ 少しずつ分解して解説します。

前半の一文は、「各ユースケースは、1つのサブジェクトと1つ以上のアクターとの相互作用による振る舞いを明確にする。」(UML 2.5.1 2017)です。何の説明もなしにサブジェクトとアクターが出てきます。英語圏の人には一般用語なのかもしれません。

よく読むと、「**1つのサブジェクトに1つ以上のアクターが存在する**(つまり

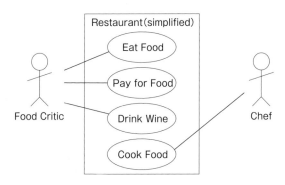

図 4.5　日本の Wikipedia のユースケース図

アクターゼロはあり得ない）」ことと、「**サブジェクトとアクターとの相互作用による振る舞いを明確にするものが各ユースケース**」であると読み取れます。

　ここで、「サブジェクト」と「アクター」と「ユースケース」について説明します。

　図 4.5 は、日本の Wikipedia のユースケース図のページに載っているものです。英語版の Wikipedia のほうがゴチャゴチャとしているのですが、内容はほぼ同じです。興味のある方は、英語版もご覧ください。

　図中の**四角形をサブジェクト**、左右にある**人の形をしたものをアクター**、四角形の中にある 4 つの**楕円形をユースケース**と呼びます。ユースケース図は作成するもの（システムやサービス）の要求をユーザーと対話しながら聞き出して理解するときに使われます。図の読み方は次のとおりです。

　まず、サブジェクトに "Restaurant" と書かれているのは、「検討対象のシステムはレストランで、開発する範囲はこの四角の中」ということを表しています。「サブジェクト」のことを「システム境界」と呼ぶことがあります。

　次に、アクターですが、向かって左のアクターは "Food Critic" ですから「食レポーター」でしょうか。右のアクターは "Chef" ですから「料理人」ですね。

　最後に 4 つのユースケースですが、上から「食べ物を食べる」、「食事代を支

払う」、「ワインを飲む」、「料理をつくる」です。そして、食レポーターから上の3つに線が引かれ、料理人から「料理をつくる」に線が引かれています。この線を「関連線」と呼びます。関連線は「ユースケースと、それを使うアクター」と結びつけるものです。ここで、人と表現せずにアクターというのは、他のシステムなど「人間以外のアクター」もあるからです。

ここまでくれば、「レストランシステムとは、食レポーターが、食べ物を食べ、食事代を支払い、ワインを飲み、料理人が調理する範囲を取り扱うもの」ということを表現したものであることがわかります。

細かいことですが、ここで、「ユースケースは実行順序を表していない」ことに注意してください。実行順序なら、「料理をつくる」、「食べ物を食べる」、「ワインを飲む」、「食事代を支払う」の順番に並びますが、そうなっていません。

また、ユースケースの名前がすべて「○○を××する」という構文になっているのは偶然ではありません。ユースケースには、「○○を××する」と実現したいことをシンプルに描いてください。最初のうちは、フローチャートのように実装の情報（制御の流れの詳細）を描きがちですが、そうならないように気をつけてください。

ユースケースをシンプルに描くコツの一つに、「『CRUD』はそれぞれのユースケースに分けずに『○○を管理する』と一つにまとめてしまう」方法があります。CRUD とは、例えば電話帳のアプリケーションのユースケースをつくるときに、「電話番号を登録する（Create）」、「電話番号を検索する（Read）」、「電話番号を更新する（Update）」、「電話番号を削除する（Delete）」の4つのユースケースをつくらずに、この4つを、「電話番号を管理する」という一つのユースケースにまとめてしまうというテクニックです。

後半の一文は「ユースケースは、相互作用とアクティビティ、さらには事前条件、事後条件で記述できる。必要に応じて自然言語でも記述できる。」です。

「ユースケースは」とありますので、先ほどの例でいえば、「食べ物を食べる」、「食事代を支払う」、「ワインを飲む」、「料理をつくる」のそれぞれの話で

す。

　ここでは、最後の「**必要に応じて自然言語でも記述できる**」に着目してください。ユースケースを自然言語で記述したものを「**ユースケース記述**」と呼びます。

　自然言語で記述するとはいえ、「ユースケースは、相互作用とアクティビティ、さらには事前条件、事後条件で記述できる」とあるように、記述する項目が概ね決まっています。そこで、その項目をテンプレート化すれば、ユースケース記述の十分性が向上します。

　表4.3は、筆者が使っているテンプレートです。このテンプレートの右端の「サンプル」列をテスト対象のユースケースに書き換えます。

表4.3　ユースケーステンプレート

ユースケース	説明	サンプル
ユースケース名	機能名やサービス名	レンタルDVDを貸し出す。
定義	成し遂げたい目的とスコープを書く。	会員にDVDを貸し出す。
アクター	使用ユーザ一覧	店員、システム
前提条件	ユースケースが動作する前提条件	システム起動中
事前条件	基本フローが通る条件	客が会員証を持っていること
基本フロー	正常系の動作（1つ） →　内部処理は書かない。 （目的達成フローのみ）	1.　店員：会員証を入力する。 2.　システム：会員証の有効性と、客への貸し出し状況を確認する。 3.　店員：DVDコードを入力 4.　システム：料金を示す。 5.　店員：入金する。 6.　システム：レシートを発行
代替フロー	例外系の動作（異常回復後のフロー＝どこに戻るかも記述すること）	会員証の有効期限切れ。 貸し出し中の商品がある。
事後条件	期待する結果（目的達成時に与える価値）	DVD貸し出し完了

さて、ユースケースといいますと、ユースケース図があまりに有名なので、ユースケース図から直接ユースケーステストをつくろうとする人が多いのですが、それはお勧めできません。図はシンプルに描いてあるからです。ユースケース図をつくった本人なら問題ないのかもしれませんが、**別の人がテストをつくるには情報が少なすぎます。**

ユースケース図に描かれているユースケース（楕円形）について、一つずつ（**表4.3**のテンプレートを使って）「ユースケース記述」を書き、その「**ユースケース記述」からテストをつくる**ようにします。そうしませんと、ユースケーステスト設計レビューも意見が発散してしまい、やりにくいのです。

前述のとおり、ユースケースには、「フローチャートのように実装の情報（制御の流れの詳細）」は書きません。「どのように実現するか（設計・実装）」ではなく「何をつくるか（要求・仕様）」に焦点が当たっているのがユースケースです。

集めたテストベース*から、「ユースケース図」と「ユースケース記述」を書く過程で、要件リストや仕様書の曖昧性や不備に気がつくことも多いと思います。要件リストや仕様書のレビュー時にテスターが、「ユースケース図」と「ユースケース記述」を書けば、良いパースペクティブレビューとなるでしょう。

(2) ユースケーステストの実践

以降では、ユースケーステストの実践編として、ユースケース記述からどうやってテストをつくるのかについて解説していきます。

(a) ユースケーステストのつくり方

ユースケーステストのつくり方は、「基本フローの1個のテストケースと、代替・例外フローごとに1個のテストケースを含む」ことです。「たったこれ

＊テストベース（test basis）とは、テスト分析と設計のベースとして使用するあらゆる情報です。

だけ？」と思われたかもしれませんが、基本はこれだけです。ただし、「**代替・例外フローごとに1個のテストケース**」とは「**代替フローで1個と例外フローで1個**」ということではありません。具体例を説明しましょう。

　基本フローは、**表4.4**の5行目の1〜7の利用の流れを指しているので、テストケース1となります。

　代替フローは、「2. システム：会員証の有効性を確認する。」のときに、3以降のフローが、「2A. 会員証の有効期限が切れていた場合、貸し出しできない。」というフローに置き換わるので、テストケース2となります。

　例外フローは、「3. システム：客への貸し出し状況を確認する。」のときの例外のフローである、「3A. 返却期限を過ぎて貸し出し中の商品がある場合、新規商品を貸し出しできない。」というフローに置き換わるので、テストケース3となります。

　基本フロー（ハッピーパスと呼ぶ人もいます）は一つだけですが、代替フローと例外フローは複数あることが普通です。実際に、商品開発では、いわゆる

表4.4　ユースケースの記述例

ユースケース名	（レンタルビデオ店で）DVD を貸し出す。
アクター	店員
事前条件	客が会員証を持っていること
終了条件	DVD を客に貸し出したものとして記録する。
基本フロー	1. 店員：会員証を入力する。
	2. システム：会員証の有効性を確認する。
	3. システム：客への貸し出し状況を確認する。
	4. 店員：貸し出す DVD を入力する。
	5. システム：貸し出し可能性をチェックし、料金を示す。
	6. 店員：料金を客に提示し、入金する。
	7. システム：入金を確認し、レシートを出す。
代替フロー、例外フロー	2A. 会員証の有効期限が切れていた場合、貸し出しできない。 3A. 返却期限を過ぎて貸し出し中の商品がある場合、新規商品を貸し出しできない。

出典）「ASTER セミナー標準テキスト」、p.117

正常系の処理の実装よりも、異常系の処理の実装のほうが多くて面倒なものです。

　例えば、スーパーのレジは例外処理の塊です。お客様は、3 本 90 円のキュウリをレジ打ちし終わった後に、「やっぱ 2 本でいいや」と言い出すことがあります。3 本 90 円のキュウリは 1 本 30 円かというと、そんなことはありません。ばら売りでは、1 本 35 円かもしれません。「2 本ということですね。70 円となります」と訂正処理をした瞬間に、「なんか、損した気がするから、やっぱり 3 本ください」と言うかもしれません。ほかにも、スーパーのレジでは、スーパーのチラシとスマホの LINE 広告割引とその店のカードに付くポイントと株主優待との関係、そして軽減税率処理など、基本フローで終わることのほうが珍しいかもしれません。

　レジ打ちは人が行うので「例外について際限なく店側が引き受けている」のです。今後はセルフレジの普及が進み、例外処理は激減する方向に変わっていくと思います。セルフレジ以外では、これらの例外処理や特殊ロジックについて、レジに並んでいるお客様を待たせることなく処理できるソフトウェアが望まれてきたことは言うまでもありません。

　単純にバーコードから商品 ID と金額を読み取り合計を求め、消費税率を掛けて請求金額を通知して入金に対するお釣りとレシートを発行する基本フローだけなら 1 週間もあればレジのテストは完了すると思いますが、それだけでは済まないことが伝わったでしょうか。

（b）　テストケースづくりの難しさ

「基本フローの 1 個のテストケースと、代替・例外フローごとに 1 個のテストケースを含む」というユースケーステストのつくり方の手順は簡単ですが、実際にテストケースをつくるのは難しいと思います。

　また、すべての代替・例外フローが仕様書に記載されることは期待できません。というのは、代替フローと例外フローについて、お客様に「代替フローと例外フローにはどのようなものがありますか？」と質問しても、代表的な例を

いくつか答えてくれるだけだからです。うまく聞き出すには、「（状況を提示して）この状況で何か例外処理をしたことはありませんか？」というヒアリングを行うことをお勧めします。レジ打ちなら、「秋に何か例外処理をしたことがありませんか？」というように聞くと、「そういえば、秋祭りに町内会が発行したクーポンの対応に困ったことがあったっけ」と思い出してもらえることがあります。

　要件（＝ユースケース）として拾えず、リリース後に「こんなこと」、「あんなこと」と、たくさんの未検討のユースケースが見つかるのが普通です。先に例として挙げた「3本90円のキュウリをレジ打ちし終わった後に、2本でいいやと言い出すお客様」は滅多にいないからです。ところが、たとえ月に1回であってもそういう例外事象が100個もあれば、平均すれば、1日に3回発生します。そのような商品は品質が悪いと思われますし、逆に、**例外事象に上手く対応できるソフトウェアであればお客様の満足度が爆上がりします。**

（c）　松尾谷徹氏直伝、ユースケーステストの考え方

　先の（a）項で、「代替フローは、『2. システム：会員証の有効性を確認する』のときに、3以降のフローが、『2A. 会員証の有効期限が切れていた場合、貸し出しできない。』というフローに置き換わるので、テストケース2となります。」と述べました。すなわち、テストケース2は「代替フロー 1→2→2A」です。ここで考えてほしいのですが、「1→2→2A」のテストだけでよいのでしょうか？

　テストケースを文章にすると、次のとおりです。

---

1. 店員：会員証を入力する。
2. システム：会員証の有効性を確認する。
2A. 会員証の有効期限が切れていた場合、貸し出しできない。

　ユースケーステストでは、「ユースケース」、「利用者の立場」、「利用の流れ（≒シナリオ）」の3つを押さえることが大切です。

考えてほしいことは、「(レンタルビデオ店で)DVDを貸し出す」というユースケースに対して、利用者の立場で、「1 → 2 → 2A」の利用の流れ(≒シナリオ)のテストだけで良いのか？　という点です。

筆者はマズイと考えます。その理由は「ユースケースの目的を達成していない」からです。

このユースケースの目的は、ユースケース記述の「ユースケース名」にあるとおり「(レンタルビデオ店で)DVDを貸し出す」です。しかし、この代替フローは2Aで終わっています。2Aは「2A. 会員証の有効期限が切れていた場合、貸し出しできない」です。「DVDを貸し出す」ことが目的なのに、「貸し出しできない」で終わっては目的を達したシナリオとはいえません。

実際のレンタルビデオ店のシーンを想像してみてください。

会員証の有効期限が切れていたなら、会員証の有効期限の延長もしくは新規会員証を発行して問題を解決した上で、基本フローの「3. 客への貸し出し状況を確認する」というステップに移行すると思います。ですから、ユースケーステストは、次の方法が良いと考えます。

- 基本フローを最後まで実施し、ユースケースの目的を達成する。
- 基本フローの各ステップで代替フローや例外フローに寄り道する。
- 寄り道なので、基本フローに戻ってくる。

(d)　筆者流、ユースケーステストのつくり方

(c)項の考え方にもとづいて、筆者は表4.5のテンプレートを使ってテストシナリオをつくっています。

最初にユースケース記述に書かれている「事前条件」をセットします。あとは、基本フローを順番に実行するのですが、「正しい操作」→「エラー発生」→「リカバリ操作」のセットでシナリオを書いていきます。

「エラー発生」部分が代替シナリオや例外シナリオの入り口となります。そして、**エラーはリカバリ操作により解決され、利用の流れは、基本フローに戻ってきます。**

表4.5 ユースケーステストのテンプレート

シナリオテスト	操作	期待結果
事前条件をセット	○○○○○	
1	正しい操作	○○○○○が成功
2	エラー発生	失敗した状態
3	リカバリ操作 ※ リブートやリセット以外の方法	失敗から復帰した状態
4	以降1～3のパターンを繰り返す	
N	成し遂げたい目的が達成される操作	目的達成

「リカバリ操作」として「リブート」や「リセット」はできるだけ行わないようにしてください。「リカバリ操作でシステムのどこかにゴミが残る」イメージをもってください。なぜなら、リブートやリセットは「リカバリ操作で発生したゴミ」も掃除して、きれいにしてしまう(若化してしまう)からです。

そして、基本フローの最後のステップが成功し、ユースケースの目的が達成されたら終了です。基本フローの一つのステップに対して複数回のエラー発生による分岐が望まれます。

例えば、「会員証のバーコードを読み取る」という基本フローの1ステップに対して、「会員証の有効期限切れ」というエラーを意図的に発生させ、続いて、テストシナリオがそこで終了しないように「有効期限の自動延長」というリカバリ操作を行い、「会員証の有効期限切れ」のエラーを解決しながらユースケーステストを先に進めてユースケースの目的が達成するようにします。このように、実際の業務の様子を思い浮かべることが大切です。

以上の過程を経てできあがったユースケースシナリオテストが表4.6です。「ユースケースの目的を達成するまで、エラーを発生し、寄り道フローを通るシナリオをつくる」ことがポイントなのです。

表 4.6　ユースケースシナリオテスト

シナリオテスト	操作	期待結果
事前条件をセット	客は会員証を持っている。	—
1　正しい操作	店員：会員証のバーコードを入力する。	画面に会員情報が表示される。
2　エラー発生	会員証の有効期限切れ	有効期限切れエラー表示
3　リカバリ操作	有効期限自動延長確認に「はい」	有効期限が延長し、カードが戻る。
4　正しい操作	店員：DVD のバーコードを入力する。	画面に DVD タイトル・料金が表示
5　エラー発生	貸し出し延滞中の DVD あり	延滞中あり画面に遷移する。
6　リカバリ操作	店員：延滞中の DVD と延滞料金を受け取る。	延滞解除され支払画面に遷移する。
7　正しい操作	店員：料金を客に提示し入金する。	金額受領済み画面に遷移する。
8　エラー発生	プリント中にレシート用紙が紙切れ	エラー音が出る。
9　リカバリ操作	新しいレシート用紙をセットする。	レシートが完成する。
10　成し遂げたい目的が達成される	レシートとともに、レンタル DVD を貸し出す。	目的達成

pp.122-133

4.3.6　組合せテスト

(1) 組合せテストの実態

　組合せテストとは、組み合わせても特別な機能が働かないことを確認するテスト技法です。例えば、テレビのチャンネルと音量は独立しているはずです。そこで、本当に独立しているかチャンネルと音量の機能を組み合わせて確認するのです。

　ソフトウェアテストの現場をたくさん見てきましたが、組合せテストについては、次のような事象が散見されます。

　　①　組合せテストをしていない。

- 単機能テストのみを実施している。
- 組合せが怪しそうな箇所はデシジョンテーブルをつくっている。
- 他の単機能を事前条件として実施後に、単機能テストをしている。

② 職人技に頼っている。
- 勘と経験で厳選した少数のパラメータと値を選び全組合せをしている。
- 厳選したパラメータを適当に組み合わせる。
- 全組合せをもつ巨大な表を作成の後、テストが不要な部分を指示している。

③ 巨大マトリクスになっている。
- すべてのパラメータ（見落としあり）と値の2元表のセルを適当に選択し、工数が尽きるまでテストする。

④ オールペアのツールに頼っている
- PictMaster ツールなどに仕様書にある全パラメータと値と制約を入力し、できた表をひたすらテストする。

印象としては、①が7割、②③④が各1割ぐらいです。

アーキテクチャー設計とユニットテストの質が高ければ、組合せによる不具合はほとんど発生しません。また、**4.3.5 項**で説明したユースケーステストを十分に実施していれば、組合せによる不具合が発生したとしても業務が止まるということはありません。でも、次の3つの前提をいずれも満たしている組織は稀です。

① アーキテクチャー設計の質が高い。
② ユニットテストの質が高い。
③ ユースケーステストを十分に実施している。

むしろ、これらの前提が揃っている組織のほうが「それでも漏れるバグを見つけたい」と組合せテストを実施している印象があります。上記の3つの前提が揃っていなくても運が良ければ組合せによる不具合が発生しないこともあるでしょう。また、**高スキルをもつテストエンジニアが探索的テストを実施する**ことで上手くいくプロジェクトもあると思います。

そのほかに、**レジリエントな保守体制**(不具合発生状況を**監視**し、発生時は、重大問題に発展するかどうかを**予見**し、短時間で**対処**し、結果を**学習**する体制)をとることができるなら、それもありです。

「組合せテスト」は品質保証の手段の一つですので、別の手段でカバーできるなら問題ありません。ただし、**発生した不具合について、その原因や対応コストの分析をしましょう。**

(2) 組合せ数の爆発

図 4.6 は、誰でも似たようなものを使ったことがあると思うのですが、「ダイヤル錠」です。0~9 の 10 個の数字が書かれたリングが 3 つあり、000 ～ 999 までの 1,000 通りの組合せのうちどれか一つだけが正解で、正解だと鍵が開くタイプのものです。000~999 までの数字をつくれるので、1,000 通りの組合せがあるというのはわかりやすいと思います。

それでは問題です。図 4.7 のダイヤルキーは何通りの組合せがありますか?

先ほどと、とてもよく似たダイヤル錠ですが、リングの数が 4 つです。したがって、0000~9999 までの 10,000 通りの組合せです。

どうやら、リングの数と、組合せの数は関係がありそうです。

図 4.6　リングが 3 つのダイヤル錠

図 4.7　リングが 4 つのダイヤル錠

リングの数	→	つくれる数字	→	組合せの数
1	→	0〜9	→	10 通り
2	→	00〜99	→	100 通り
3	→	000〜999	→	1,000 通り
4	→	0000〜9999	→	10,000 通り
5	→	00000〜99999	→	100,000 通り
⋮		⋮		⋮
10	→	0000000000〜9999999999	→	100 億通り！

10 のリングの数乗(リングの数が k 個なら、10^k 通り)ということです。銀行のキャッシュカードの暗証番号は 4 桁ですが、これも同じ考えで、「1 万通りもあれば、万が一、キャッシュカードを盗難されても、暗証番号が知られていなければお金を引き出すことはできない(だろう)」ということです。暗証番号を 3 回間違えるとロックがかかり、キャッシュカードは使えなくなりますので、まったくの当てずっぽうでは、当たる確率は 3/10000(＝0.03%)と低いものです。

宝くじで、1 万円が当たる確率は 1,000 分の 1 だそうです。4 桁の暗証番号を 3 回入力したときに偶然当たる確率はそれ以下です。皆さんは、暗証番号が 4 桁で実質破られないと安心できますか？

(3) ソフトウェアテストと組合せ

ソフトウェアのバグには「組み合わせたときにのみ現れる」ものが少なからず存在します。ゆえに、組合せをつくってテストする必要があり、そのときにすべてを組み合わせることは不可能なので、「組合せテスト技法」が誕生しました。

条件を組み合わせると特別な結果になる規則がある場合、それを「有則」と呼び、有則の箇所に対しては、デシジョンテーブルテストを実施します。一方、無則のときに、どのようなテストをするかというと、それが、「組合せテスト」なのです。

テレビのリモコンを思い浮かべてください。リモコンには、たくさんのボタンがあります。ボタンはテレビというシステムに対する入力です。いくつかの例外はありますが、**ほとんどのボタンは、他のボタンと独立した機能を動かすものです。**

独立していて他と関係をもたないボタン（入力）同士の関係を「無則」と呼びます。さて、テレビのリモコンのボタン同士の関係の多くが「無則」なのは特別なのでしょうか？　そんなことはありません。例えば、車について考えてみましょう。車はいつでも、窓の開閉ができますし、ヘッドライトを点けたり、ワイパーを動かしたりすることも他の機能と独立してできます。たまに、「速度が〇〇 km/h 以下にならないとカーナビの操作ができない」とか、「ギアがバックに入っているときだけバックモニターが映る」といった「有則」の組合せもありますが、それらは少数派です。

（4）組合せテストの考え方

表 4.7 は、テキストの 132 ページにも引用されているものです。出典にあるクーン（Richard Kuhn）の論文の主旨は「複数のパラメータ（要因）を組み合わ

表4.7　バグに関する要因数の割合

要因数	組込み機器 （医療用）	ブラウザ （Netscape）	Web サーバ （Apache）	データベース
1	66	29	42	68
2	31 〕97%	47 〕76%	28 〕70%	25 〕93%
3	2	19	19	5
4	1	2	7	2
5		2		
6		1	4	

出典）　R. D. Kuhn *et al.*: "Software Fault Interactions and Implications for Software Testing," *IEEE Transactions on Software Engineering*, 30(6), 2004.（日本語訳は「ASTER セミナー標準テキスト」、p.132 による）

せたときに発生するバグについて分析したら、**どうしてそうなるかの理屈はわからないけど**、この表のように少ないパラメータ（バグ発生要因）の組合せがトリガーとなっていることがわかった」というものです。

2004年のこの論文より前に、田口玄一博士は著書『ロバスト設計のための機能性評価』（日本規格協会）で「1因子ずつの場合のバグの発見率が ρ なら（直交表を利用して2因子の組合せの評価をすれば）それに比較してほぼ ρ の2乗に期待される。」と述べています。こちらも、なぜ、2因子間のテストでバグの発見率が下がるのかについての言及はありません。

バグを「いくつの要因が重なって発生しているか」の切り口で分析すれば、良いだけなので、クーンの論文の追試はいろいろな組織で行われました。筆者も2度ほどやったことがあります。

1度目は、1997年のこと。会社のバグデータベースに溜まっていたバグについて全部は大変なので直近1年分のデータを分析しました。それは、全部で約8千件でした。当時は1年間でソースコード200万行をつくっていましたので、1千行に4件のバグが登録されていました。ユニットテスト後の、統合テスト以降のバグしか登録していなかったのでそんなものでした。

そして、8,000件のバグのほとんどは単機能バグでした。2つの要因の組合せで発生したバグが100件強あり、3つの要因で発生したバグが十数件、4つ以上はありませんでした。このときは、有則と無則の区別をしていなかったので、無則の要因の組合せに限っていえば、100件ではなくもっと少ないはずです。

もう一度は、論文に書いたもので、筆者のnoteで公開しています。ご興味があれば読んでみてください。

https://note.com/akiyama924/n/neb4cb8215f8a

論文の17ページのところです。こちらは42件と少ないですが1つのシステムのリリース後のバグなので大変な問題でした。

経験上、少数の要因の組合せでバグになっていることがわかったので、テストも全組合せは不要で、「**すべての要因から、任意の2つを取り出してペアを**

つくってテストすればよい」という考えが生まれ、そうしてテストすると市場でも問題が出ないので、「理屈はわからないけど、結果オーライ」となっているのが組合せテストの考え方です。

(5) 直交表を用いた組合せテスト

直交表については L_4 直交表について説明できるようになると概ね卒業です（図4.8）。L_4 直交表は「エルヨン チョッコウヒョウ」と読みます。1から4の4行あるから L_4 です。8行あれば L_8 ですし、18行あれば L_{18} です。L_{18} は品質工学で非常によく使われます。

図4.8 はテキストのp.128からの引用であり、直交表にOSの因子と水準を割り付けている様子です。

テストしたいOSという因子には、WindowsとiOSの2つの水準があるので、OSという因子を列見出しに、WindowsとiOSという水準を表の中にあるセルの1と2を置き換えるかたちで入れ替えています。これを「割り付ける」といいます。この4行をテストすると組合せテストをしたことになります。

(6) 直交表の性質

直交表に因子と水準を割り付けて、テストをすると、組合せが多くテストされます。図4.8 の直交表の1列目と2列目の組合せは、{1, 1}、{1, 2}、{2, 1}、{2,

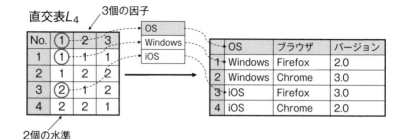

出典）「ASTER セミナー標準テキスト」、p.128

図4.8 L_4 直交表と因子と水準の割り付け

2｜です。1と2の組合せがすべて出現しています。次に、2列目と3列目の組合せは、｛1, 1｝、｛2, 2｝、｛1, 2｝、｛2, 1｝です。先ほどと順番は違いますが、こちらも1と2の組合せがすべて出現しています。最後に、1列目と3列目の組合せは、｛1, 1｝、｛1, 2｝、｛2, 2｝、｛2, 1｝です。こちらも、順番は違いますが、1と2の組合せがすべて出現しています。

(4)項で、「**すべての要因から、任意の2つを取り出してペアをつくってテストすればよい**」と述べました。「1列目と2列目の組合せ」、「2列目と3列目の組合せ」、「1列目と3列目の組合せ」の3通りが、「すべての要因から、任意の2つを取り出した」ということです。続く「ペアをつくって」が、「1と2のすべての組合せ」のことです。1列目と2列目と3列目の組合せは、8通りあるうちの4通りが現れています。L_4 直交表の3因子間網羅率は50%です。つまり、直交表へ割り付けると、直交表の性質が引き継がれるので、自動的に「**すべての要因から、任意の2つを取り出してペアをつくってテストすればよい**」が実現します。あとは、いろいろな直交表を手に入れれば良いだけです。

(7) L_8 直交表で伝えたいこと

直交表のほうがペアワイズよりも、テスト件数が多いにもかかわらず、直交表を使用するメリットとしては、「3因子間の組合せがペアワイズよりも多く出現するから」だといわれます。それは本当でしょうか？　ペアワイズのツールで「3因子間網羅率100%」でつくった項目数は直交表より多いのでしょうか？

この問いに答えるには、L_8 直交表の観察が役に立ちます。

図4.9 は L_8 直交表です。L_8 直交表の1列から7列に対して、任意の2つの列を取り出してそのペアを調べると L_4 と同じく、全ペアである、｛1, 1｝、｛1, 2｝、｛2, 1｝、｛2, 2｝が出現しています。

ここで、｛1, 1｝、｛1, 2｝、｛2, 1｝、｛2, 2｝の組合せの出現数を調べると、**どれも2回ずつ**です。

実は、直交表の性質として、「**水準の組合せの出現数は同数回**」があります。

No.	1	2	3	4	5	6	7
1	1	1	1	1	1	1	1
2	1	1	1	2	2	2	2
3	1	2	2	1	1	2	2
4	1	2	2	2	2	1	1
5	2	1	2	1	2	1	2
6	2	1	2	2	1	2	1
7	2	2	1	1	2	2	1
8	2	2	1	2	1	1	2

図 4.9　L_8 直交表（2 水準の因子 7 個）

したがって、水準の組合せが、｛1, 1｝、｛1, 2｝、｛2, 1｝、｛2, 2｝の 4 通りで、直交表のサイズが 8 行なので、8÷4＝2 回ずつ組合せが出現しているということです。

　大切なことなので、直交表の性質について整理します。直交表の性質として次の 2 つが挙げられます。

　　① 　任意の 2 つの因子（列）を取り出したときにすべての水準ペアが出現する。

　　② 　水準の組合せの出現数は同数回

　実は、この直交表の性質の①について L_4 直交表で、性質の②について L_8 直交表で確認したのがここまでの話の流れです。

　上記②から、「多因子間の組合せがバランスよく出現する」という性質が導かれます。なぜなら同数のペアに対しての組合せとなるからです。

　実際、L_8 直交表の 4、5、6、7 列から任意の 3 列を取り出すと、その組合せは、｛1, 1, 1｝から、｛2, 2, 2｝までの全組合せパターン（8 通り）が出現していることを確認できます。ここから「重要な因子は直交表の後ろの方の列に割り付けると良い」というコツが出てきます。

　また、同数回なので、組合せについての統計処理が可能となります。統計処理とは、例えば、不具合解析に使うことができます。複数個のペアの出現が期待できるので同じ不具合の発現が期待できますし、分散分析を行えばどの因子

とどの因子の組合せ問題が多いといった解析も可能です。

　ほかにも、パフォーマンスアップを目的としたテストで、CPU、メモリー、2次デバイス、ネットワークなどを組み合わせ、要因効果図を描くことで、どの水準の組合せが最もハイパフォーマンスになるかといった統計解析ができます。

(8) 因子と水準

　直交表の関係で、その性質のほかに知る必要があることは、因子と水準です。

　当面は、単純に、パラメータ(＝因子)と値(＝水準)と覚えておいてかまいません。そのうちに因子の種類(信号因子とか誤差因子とか)を整理して、水準の種類(文字、数値、日付、選択肢など)についても考えてもらうことで、さらに良い組合せテストになります。

　なお、因子と水準の抜け漏れの有無についての正解を知りたいという方が多いのですが、正解はありません。少しずつ経験を積んで上手くなるしかありません。まずは、ここに述べたものだけ理解してください。実際にテストの業務で使うときには、ツールを使うことをお勧めします。

4.3.7　ユーザビリティテストの設計

　本項は「ASTER セミナー標準テキスト」にはない話です。強いて言えば、134 ページの「使いやすさ(ユーザビリティ、UX、ユニバーサルデザイン、感性(爽快等))も大切である。」が該当します。

　ユーザビリティテストについては、筆者が行っているテストについて説明します。専門的な内容は樽本徹也著『UX リサーチの道具箱 II』(オーム社)を読むことをお勧めします。本当は、原則(知識)ではなく、このような原則を満たしている商品を普段から使っている(経験を重ねている)ことが良い評価につながります。例えば、次のようなチェックボックスがあり、テストしたら□の中をクリックしないと✓(チェック)が入らない UI だったとします。

> ☐ **内容を確認しました。**

　もしも、このときに、「内容を確認しました。」という文字の上をクリックしてもチェックが入る UI の存在を知らなければ、☐の中をチェックすることが使いにくいという問題に気がつくことすら困難です。

　筆者は次の5つの観点でユーザビリティテストを行っています。ちなみに、④と⑤は筆者が痛い目を見たので、行っているテストです。

①　利用者が目的を達成すること

②　目的を達成するまでの時間と操作数（試行錯誤数）

③　利用者の感情（主観）

④　親切（ユーザーフレンドリー）か

⑤　互換性

上記①および②の観点で行うテストとは、例えば、複合機と、その複合機のマニュアルと指示書を置いた部屋に被験者を集めて、「指示書に書いたことを行って終わったら結果を持ってきてください」と指示するようなテストです。指示書には「マニュアルの 30 ページから 50 ページを両面、カラーでコピーし、ホチキス留めをしたものを5部つくってください」といったことが書いてあります。

　実施している様子を録音・録画し、どういう手順で実施したか、どこに時間が掛かったか、時間や操作数などを評価します。また、被験者としては、初めて複合機を使う高校生といった人を選びます。

　上記③の観点のテストとは、先の実験が終わった後に「どう思ったか」という素直な感情を聞くことです。場合によっては、「複合機の機能にホチキス留めがありました」といった種明かし的な話もしながら、感情の動きを観察します。傾聴の姿勢で相手の言うことを一切否定せずに**聴くことに徹します**。

　上記④の観点のテストとは、究極の UI に詳しい人が隣にいて教えてくれることです。税務署で確定申告をしようとすると専門知識をもった人が隣に座って、親切にパソコンの操作を教えてくれますが、あれが理想です。「友達は操

作を誘導してくれるし、間違えたら優しく助けてくれる」が実現できているのか、要求仕様のレビュー時に確認しています。

　上記⑤の観点のテストとは、互換性確認テストです。ISO/IEC 25010 の品質特性では、「使用性」と「互換性」はいずれも主特性です。ということで分けて評価する人もいるのですが、筆者は「使用性」と「互換性」は関係深いと思っています。

　あるソフトウェアやサービスを使っていたときに、その GUI が変わったら「使いにくくなった」と感じると思います。しばらくすると、「なるほど。新しい GUI のほうが良いなぁ」と思うことも多々ありますが、変わった直後は、これまでの習慣に引かれて操作ミスが増えてイライラします。

　もっと良い UI を思いついても、**あえて使用性のために互換性を保つ判断も**
ありです。新規ユーザーが増える場合は互換性を犠牲にする判断もありです。

　最後に、ユーザビリティテストで絶対に忘れてはならないのは、「ユニバーサルデザイン」です。ソフトウェアの画面では、色覚多様性（色弱・色盲・色覚異常）への配慮が有名です。それもそうなのですが、ユニバーサルデザインは「誰にとっても使いやすい」ということを目指す活動です。

4.3.8　ペアワイズと PICT

p.127

　ペアワイズでは、入力パラメータの各ペアを、設定可能な個々の組合せのすべてで実行するためのテストケースを設計します。

　直交表を用いたテストでいう「因子」とペアワイズテストでいう「パラメータ」は同じものです。因子は英語でいうと "factor" で、水準は "level" です。しかし、ペアワイズでは、それぞれを、パラメータ（parameter）と値（value）と呼びます。長いので P/V と略すことが多いです。

　次に、「各ペア」についてですが、ここで解釈が分かれます。all-pairs testing（日本語では「オールペア法」と訳されます）については、「任意のパラメータを 2 個取り出したときに、必ずその 2 個のパラメータがもつ値のペア（組み）についてすべてテストする方法」という意味になります。

　ところで、「ペアワイズ」を「オールペア法」と同じ意味で使う方々がいます。PICT ツールのマニュアルには、"Pairwise and Higher-Order Generation" と書いてありますので、PICT では、「ペアワイズ」と「オールペア法」は同じ意味で使っています。

　ところが、pairwise testing について、「ペアだけでなくトリプルなどの高次の組合せを生成する方法を含む」と考える人もいます。筆者もオールペアという言葉を先に知って、その後、「トリプルとかも考えられるから、ペアワイズと呼ぶ」と誰かから聞いたので、ペアワイズには PICT ツールのマニュアルにある "Higher-Order Generation" も含むと思っていました。しかし、それは間違いだったようです。

　結論としては、「all-pairs testing」と「pairwise testing」と「2-wise testing」は同じものと考えて大丈夫です。

p.134

4.3.9　非機能要件に対するテスト設計

（1）非機能要件とは

　シラバスには、「非機能テストは、システムが『どのように上手く』振る舞うかをテストする。」とあります。また、「ソフトウェアプロダクトの品質特性の分類については、ISO/IEC 25010 を参照されたい」とあります。したがって、信頼性、効率性、使用性、保守性、移植性に加えて、セキュリティや互換性といった ISO/IEC 25010 で重要視されている品質特性についての非機能要件のテストについても時間をとって検討することをお勧めします。

　日本で非機能要件というと、「非機能要求グレード」という IPA のガイドが有名です。

　　　https://www.ipa.go.jp/sec/softwareengineering/std/ent03-b.html

（2）非機能要件のテスト

　ここで、声を大にして言わないといけないことがあります。それは、「非機能要件のテストを考える前に、非機能要件を定義せよ」です。テストを行うた

めには「期待結果」が必要なのです。

期待結果は、検証(verification)のためのテストであればV字で対応する開発フェーズを確認し、そのアウトプット(仕様書や設計書等)を元に作成します。一方、妥当性確認(validation)のためのテストであれば、要件定義書やその背景にあるニーズや問題点から「期待結果」をつくります。

いずれにしても**「期待結果」をつくるための元ネタが必要**です。ところが、ソフトウェアに対する信頼性、効率性、使用性、保守性、移植性などの品質特性に関係する仕様や設計や要件を記載した文書はつくられないことが多いものです。良くても「全体ポリシー」や「全社標準ガイド」があるくらいです。

ソースコードの保守性と移植性については、個々の顧客にはあまり関係がありませんから契約書に書かれることは少なく、結果として開発時の目標もないことが多いものです。もし、皆さんが、テスト設計者ならテストマネージャーに「これらの値について本当に真剣に検討した結果として合意していますか?」と聞いてみてください。

先に、**「非機能要件のテストを考える前に、非機能要件を定義せよ」**と述べました。非機能要件はいい加減に決めがちです。さらに悪いことに、明確に数値化したとしても、「最善の努力をした結果なら良し」となりがちです。この辺について、キチンとしたいと思った場合には、Quality Attribute Workshop(QAW)を行うことをお勧めします。

(3) 品質特性のトレードオフ

テキストには、「品質特性はMECEではなく、互いに関係している」とあります。すなわち、品質特性はそれぞれが独立しているように見えて独立していないということです。

例えば、パスワードの文字数を「100文字以上」とすれば、セキュリティは向上するかもしれません。しかし、セキュリティは向上しても、操作性(ユーザビリティ)への影響が避けられないことに注意が必要です。

この品質特性のトレードオフについては、藤原啓一氏がSPI Japan 2017で

発表した「高信頼アーキテクチャ設計手法 ATAM の実践」*の 22 ページの表
がわかりやすいと思います。ただし、必ずこの表の［＋］、［−］の関係かとい
うと、そんなことはありません。**自身のプロダクトにおいて品質特性のトレー
ドオフ表をつくる必要があります。**

p.137

4.3.10　性能テストの設計

　性能テストは、負荷テストと一緒にテスト設計・実行することが多いもので
す。欠陥を見つけたいという側面から「負荷をかけた状態で性能を測定」した
くなる気持ちはわかります。でも、筆者は、「性能テスト」と「負荷テスト」
は分けてテスト設計・実行したほうが良いと考えています。

　というのは、性能テストが性能要件を満たしていることの品質確認が主目的
のテストであるのに対して、負荷テストのほうはソフトウェアのロバストネス
（堅牢性）を確認することが主目的だからです。**負荷テストを混ぜてしまうとソ
フトウェアの性質を測ることよりもバグ出しに意識が集中してしまうところが**
問題です。

　性能テストのポイントは、「性能要件をもとに、測定すべき内容を記載する」
と「限界を知る」の 2 点です。以下に説明します。

（1）性能要件と測定内容

　一つ目は、「性能要件を基に、測定すべき内容を記載する」です。具体的な
話として、性能テストでは「スループット」、「レスポンスタイム」、「リソース
使用量」の 3 つを測定します。例えば、「50 ユーザー同時に使用時に 3 秒で応
答すること」という要件があったときに性能テストでは一人ずつアクセスを増
やしながらスループット、レスポンスタイム、リソース使用量を測定します。
したがって、測定前に要件を確認し、決まっていなければ決めてからテストを
実施することが基本です。テストの後では、「計測した結果の値＝要件」とな
りがちです。それぞれのポイントは以下のとおりです。

　＊ http://www.jaspic.org/event/2017/SPIJapan/session1C/1C2_ID015.pdf

（a） スループット

スループットとは、単位時間当たりのトランザクション数です。トランザクションとは、サービスに対して要求を発して答えが返ってくるまでのことです。

サービスの処理のほかに、データの伝送速度に対してもスループットといいます。例えば「この SSD は 1GB/sec（1 秒間に 1 ギガバイト）で、データを読み書きできる」といった具合です。

（b） レスポンスタイム

レスポンスタイムとは、応答時間のことです。例えば、「ブラウザでリンクをクリックしてから画面が表示され始めるまでもっさりしているな」とかいうときの「入力から応答開始」までの時間を指します。この「もっさり」とか「ぬめっと」、「サクサク」といった擬態語（オノマトペ）は非機能テストで案外重要です。変に「0.3 秒かかった」と報告されるよりも擬態語のほうが、品質が伝わることが多いものです。

レスポンスタイムの目標値は、状況や場面によって変わります。例えば、マウスを動かしたときに追随してマウスカーソルが動くのは瞬時でなければ耐えられません。また、パフォーマンスが求められるのは思考を反映している処理でしょうか。ここは重要だから色を付けようとして色が付くまで 3 秒かかったらちょっと嫌です。

検索結果が表示されるまでの時間は 3 秒ぐらいなら待てるなどと、要求確定段階で決めておいて各テストレベルで確認していきます。

（c） リソース使用量

リソース使用量とは、性能を発揮するための力の源泉となる CPU やメモリーといったリソースの使用量です。Windows でいうと、パフォーマンスモニターに表示されるアレです。これを計測することによって、どのリソースがボトルネックになっているかを明らかにします。

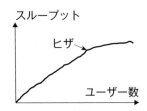

出典）「ASTER セミナー標準テキスト」、p.137

図 4.10　ユーザー数の増加に伴いスループットが低下

(2) 仕様限界を超える性能テスト

テキストの最後に「限界を知る」とあります。

性能テストを実施するときに、「このシステムの同時アクセス人数は、最大
〇〇人とする」と書いてあることがあります。このときに〇〇人までのテスト
で終わらせないでください。図 4.10 のように、性能が落ちるところ（ヒザ）を
超えて、なおかつ、できればシステムダウンするまでテストを続けてください。
これが異常系のテストになります。

なぜこのようなテストをするかというと、仕様限界を超えたときにパフォー
マンスの要求を満たせなくなるのは仕方がないことですが、システムがクラッ
シュすることやデータが棄損することは許されないからです。

なお、性能テストではできるだけテストを自動化します。人がストップウォ
ッチで計測するのは非効率ですし、ユニットテストレベルの計測は毎日自動的
に行うほうが良いからです。自動化するときには、計測する行為そのものがシ
ステムに対する負荷となって、パフォーマンスに影響を与えないように、十分
に注意する必要があります。

p.138

4.3.11　負荷テストの設計

性能テストは、「スループット、レスポンスタイム、リソース使用量を測定
し、期待結果と比較して評価すること」です。一方、負荷テストは、「徐々に
負荷を高くすることによって性能がどう変化するか」、「スペックを超えた負荷
がかかったときに、システムが重篤な問題（生命・財産・環境の問題）を起こさ

ないこと」を評価するテストです。

やることは「性能テスト」と非常に似ています。同じといっても良いでしょう。負荷テストのポイントは、普通ではない負荷のかけ方です。

(1) 負荷テストの"負荷"とは何か

負荷テストには限りませんが、テストタイプの名前には、暗喩(「〜のような」を付けずに喩える)が使われることが多いと思います。暗喩ですと「○○テスト」が多くなってしまいますので、そのチームではしっくりきても、他のチームに伝えたり、新しいメンバーに教えたりするのが大変です。大切なことは○○部分がどのような負荷なのかを知っていることです。

スパイクテスト*なら、針のように、一点に集中して短時間に強い負荷をかけるということですし、ソークテスト**なら、ずぶ濡れになった姿を連想し、長時間連続して、実際の利用環境であり得る嫌な負荷をかけ続けるテストということを思い出しましょう。

(2) 負荷の見つけ方

負荷を見つけるときには、「負荷をかける場所」と「負荷そのもの」の2つを見つけてください。

(a)　基本的な考え方

負荷テストでは、「負荷がかかると危なそうな場所」と「負荷のかけ方」を見つけます。筆者の場合は、「負荷がかかると危なそうな場所」探しのほうに大半の時間をかけています。

「負荷がかかると危なそうな場所」は、性能テストと同様にリソース使用量

＊スパイクテスト(spike testing)：システムが、ピークロードの急激な発生から定常状態に戻る能力を判定するためのテスト。
＊＊ソークテスト(soak testing)：大きなサンプルサイズに対して、通常のユーザーをテスト担当者として、事前に定義したテストシナリオに限定されず実施するテスト。また、ソークテストは実際の利用環境にもとづいて実施される。

のテストが基本です。

(b)　負荷がかかると危なそうな場所

　図 4.11 の左側にある、CPU、メモリ、ディスク、イーサネット、GPU が
「負荷がかかると危なそうな場所」の第一候補です。そのほかにも、「I/O」が
ありますし、システム全体を見たら、「ルーター」、「バランサー」、「データベ
ース」なども候補となります。

　テスト対象ごとに異なりますし、ブラックボックステストではわからないこ
ともあるので、**「負荷がかかると危なそうな場所」を見つけるときには、シス
テムのアーキテクチャーを熟知した開発者に協力してもらうことをお勧めしま
す**。特に、I/O などは、開発者に聞かないとわからないと思います。なお、
「負荷がかかると危なそうな場所」のことをボトルネックと呼ぶことがありま
す。

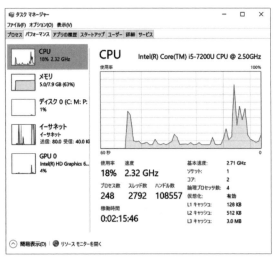

図 4.11　Windows のタスクマネージャーの画面

(3) 負荷のかけ方

（a）筆者の方法

筆者は、「大・小」、「長・短」、「多・少」の6つの負荷を考えます。「大きな
システム（オプション装置をすべて装備するなど）」と「小さなシステム（オプ
ションを一切つけないなど）」、「長時間動作」と「短時間に強い負荷」、「多く
のデータ」と「少なく（壊れた）データ」という6つを危なそうな場所に与える
方法を設計します。

（b）　HAZOP のガイドワードを使う方法

HAZOP（Hazard and Operability Study」とは、簡単にいうと「ハザードを
想定し、ハザードが引き起こし得る危険事象についてガイドワードを用いて挙
げて安全についてのリスクの評価を行う方法」です。

（a）項で述べた「大・小」、「長・短」、「多・少」をきちんとしたものがガイ
ドワードです。ガイドワードを使うことによって、設計意図・利用意図からの
外れを想起します。ガイドワードは次の 11 個です。

- 存在：無（no）
- 方向：逆（reverse）、他（other than）
- 量：大（more）、小（less）
- 質：類（as well as、質的増大）、部（part of、質的減少）
- 時間：早（early）、遅（late）
- 順番：前（before）、後（after）

これらのガイドワードを各ハザードに当てはめることで、安全についてのリ
スク評価を行うのですが、「負荷のかけ方」と同じということです。ほかにも
鈴木三紀夫氏が提唱する「意地悪漢字」*を使ってもいいですね。

4.3.12　リグレッションテストの設計

p.139

JSTQB の用語集では、リグレッションテスト（regression testing）を「ソフ

＊ http://www.jasst.jp/archives/jasst10s/pdf/S3-9.pdf

トウェアの変更されていない領域で欠陥が混入している、もしくは露呈していることを検出するための、変更関連のテストの一種。」と定義しています。

リグレッションテストの仕方は、組織によって異なるので、新しい組織に移ったときにはその組織のやり方を確認しましょう。リグレッションテストそのものの進め方(バグ修正ごとにリグレッションテストを行うか、同じテストスイートを複数サイクルで実施するかなど)は、製品や開発プロセスの特徴によって決まります。したがって、その組織で何年も続けてきたリグレッションテストの進め方を変えることは非常に困難です。

また、問題があって変えたほうが良いと思っても、無理に変えると大変なことになることがあります。リグレッションテストの影響は、部分的ではなく、全体へと波及するからです。リグレッションテストの進め方や方法を変更するときには、なぜそういう方法をとっているのかを理解した上で慎重に変更することをお勧めします。

(1) デバッグ後のテストの流れ

テキストには、開発による欠陥修正(デバッグ)後のテストの流れとして、次の 4 つのことを行うと述べられています。

① 発見した不具合(故障)が起こらなくなったことを確認する。(確認テスト)

② 不具合の修正に伴う影響範囲の確認を行う。(影響度分析)

③ 意図しない副作用の検出を目的とした確認を行う。(リグレッションテスト)

④ リグレッションテストの自動化の検討を行う。

以下に順に説明します。

(2) 確認テスト

「①発見した不具合(故障)が起こらなくなったことを確認する」ことを確認テストと呼びます。JSTQB の用語集において確認テスト(confirmation testing)とは、「変更関連テストの一種。欠陥を修正した後に実行し、それらの欠陥により引き起こされていた故障が発生しなくなっていることを確認する。」と定義されています。

　デバッグが終わって欠陥が修正されたソフトウェアが届いたら「本当に直っているかな？」と、そのテストケース(あるいは、バグ票に記載した不具合の再現手順)を実行します。それが確認テストです。

　「そんなことは、デバッグ担当者がしているはず」と思われるかもしれません。その想像は正しいです。それでは、なぜ確認テストが必要なのかというと3つの理由があります。一つ目は「**直っていないことがあるから**」です。普通は、バグ修正のたびにリリースはしません(CI/CD が整備されている環境では、修正は即反映されます)。多くの組織では今も「毎週水曜日に、定期リリースする」というような決まりをつくり、そのリリースに、その時点の最良のソフトウェアをインテグレーションします(つまり、複数のバグ修正が一つのリリースに含まれます)。このときにリリースノートにのみ、「修正済み」という間違った情報を書いてしまうことがあります。というのは、開発者は自身の開発環境上でデバッグを行いますが、直したコードを構成管理ツールに反映(チェックイン)することを忘れてしまうことがあるからです。これを防ぐために、TDD を導入し、不具合が報告されたらその不具合を再現するテストコードを先につくってからデバッグする方法があります。そのような組織では、CI/CDを整備し、デイリービルドですべてのテストコードがパスしていることを確認することが多く、修正結果のチェックイン漏れが起こりにくくなります。

　本人のミス以外にも、**他のモジュールの修正によるリグレッションの発生**があります。また、デバッグ担当者がバグ票を読み間違えることもあります。バグ票を斜め読みして、再現手順を実行しているときに見つけた別のバグをデバッグして対応済みとしてしまうミスが稀に起こります。

　また、テスト担当者の問題としては、**1件のバグ票に複数の不具合を報告してしまうという問題**があります。1件のテストケースで複数の不具合が発生したときに起こりがちなのですが、複数の不具合が1件のバグ票に登録されると、

デバッグ担当者が最初の1件だけを直すというミスにつながります。

　確認テストが必要な理由の二つ目は、「**別の不具合が見つかるケースがある
から**」です。バグ票の再現手順には不具合の再現に必要十分な情報のみが書か
れます。それは、テストケースの一部であることが多いものです。デバッグ担
当者は再現手順でバグが直ったことは確認できますが、元のテストケースにつ
いてはバグ票にテストケース番号などの情報（もしくは、テストケースへのリ
ンク）があったとしても見ないことのほうが多いものです。このときに、バグ
票に書かれた再現手順以外の手順で不具合が発生するかもしれません。

　確認テストが必要な理由の三つ目は、「**開発環境とテスト環境が異なるケー
スがあるから**」です。

（3）影響度分析

　「②不具合の修正に伴う影響範囲の確認を行う」ことを影響度分析と呼びま
す。JSTQBの用語集において、影響度分析（impact analysis）とは、「変更が影
響するすべての成果物を識別すること。変更を達成するために必要なリソース
の見積りを含む。」と定義されています。

　リグレッションテストは、機能追加や欠陥の修正などの副作用で生じた、以
前はなかった不具合を見つけるためのテストです。「以前はなかった不具合を
見つけるためのテスト」というのは、「以前はパス（合格）していたテストケー
ス」のことです。以前は合格していたテストケースが不合格になることがある
のです。

　例えば、テストケースが1,000件あったとします。テストを実行し、900件
パスして、901件目にバグが出たとします。このときに、デバッグして戻って
きたソフトウェアでは、既にパスした900件のテストケースのどれかが不合格
になる可能性（可能性としては低いことが多いですが……）があるということで
す。このような場合に、「確かにそのとおりだけれど、900件やり直す時間は
ない！」という状況が起こりがちです。そこで、「デバッグ時のコード修正（プ
ログラムコードの変更）が影響するのは、機能Aだけだから、900件のうち、

機能Aについてのテスト（30件）だけをやり直そう」という判断をできるようにしたいところです。このような機能Aについての30件のテストを見つけるためには、仕様書とテストケースの双方向トレーサビリティをとっておくことが役に立ちます。ここで、「今回実施したデバッグが影響するのは、機能Aだけ」という情報を導く分析のことを「影響度分析」と呼びます。

(4) リグレッションテスト

「③意図しない副作用の検出を目的とした確認を行う」ことをリグレッションテストと呼びます。具体的には、既に実施したテストのやり直しです。実行効率の面からは、前回テストした人がテスト実行すると早いのですが、不具合を見逃さないという点からは、可能であれば別のテスト担当者が行うほうが良いでしょう。

すべてをテストし直す工数がないことがあります。そういうときには、すべての機能が入った組合せテストやシナリオテストで代替することがあります。また、テストケースについて「基本的なテストケース」なのか「基本的なテストケースのバリエーション」なのかを区別できるようにしておき、バリエーションの数を減らして対応します。

(5) リグレッションテストの自動化

「④リグレッションテストの自動化の検討を行う」がある理由は、上記②の影響度分析結果が怪しい（信用できない）ことと、工数や工期の制約から、上記③のリグレッションテストを手作業では実施しきれないことがあるからです。

「Googleのサービスは、毎日大量のテストを自動化することで品質を保っている」という話を聞いたことがあります。また、「一点もので、バージョンアップの可能性が低いようなソフトウェアの場合でさえ、テストの自動化は効果がある」という方々がいます。その主張がどれほど一般に当てはまる話なのか、筆者にはわかりません。しかしながら、テキストに、「④リグレッションテストの自動化の検討を行う」とあるように、検討ぐらいはすべきだと思います。

リグレッションテストは、テストをやり直すのですから、不具合が見つかることは少ないものです。それゆえ、モチベーションが上がらないというのも正直な気持ちだと思います。「TDD で自動化済みのユニットテストを流すだけで良い」と誰か言ってくれないかなぁ、と思う方も多いのではないでしょうか。

大変なことと思いますが、今のところテストの自動化が最も良い解決策だと思います。もしも、開発へ関与できるなら、レビューで変更や機能追加などの保守性について聞いてみてください。モジュール間の影響が少ないアーキテクチャーとなっているかという質問です。サービスソフトウェアなら関数型プログラミングを行うのも手かもしれません。

4.4 ホワイトボックステスト技法

p.142

4.4.1 制御フローテストの設計

制御フローテストは、プログラマーが、自分がつくったコードに対して実施することが多いテストで、ホワイトボックステストに位置づけられます。

ホワイトボックステストには、クリアボックステスト、コードベースドテスト、グラスボックステスト、論理カバレッジテスト、論理駆動テスト、構造テスト、構造ベースドテストなど同義語(類義語、同意語)がたくさんあります。

同義語の説明をつなげば、「**ホワイトボックステストは、(ソース)コードをテスト対象として、その論理の網羅性を分析しながら、プログラムの構造をテストするもの**」となります。概ねホワイトボックステストのイメージと合うのではないでしょうか。

ホワイトボックステストのキーとなる「論理カバレッジ」を中心に、「制御フローテスト」について以下に説明します。

(1) 制御フローテストの対象

テキストには、「関数やメソッドのロジックを網羅する」とだけあります。

ここから、ソースコードを対象とすることがわかりますが、制御フローテスト
は、テスト対象の商品やサービスの全ソースコードを一度に対象とするテスト
技法ではなく、**個々の関数やメソッドを対象としてテストする方法**です。
　もちろん、すべての関数やメソッドをテストすれば、全コードをテストする
ことになりますが、テスト設計・実行するときのテスト対象は、関数やメソッ
ドであることに注意してください。逆にいえば、関数間の組合せや関数間の構
造を網羅的にテストするものではありません。

■関数とメソッド

　ひとかたまりの処理を関数(function)やメソッド(method)といいます。例
えば、「配列に格納された数値の合計を求める処理」のことです。「配列に格納
された数値の合計を求める処理」はいろいろなところで使い回せそうです。そ
こで、プログラミング言語には、それぞれの場所に書くのではなく、一箇所に
まとめて書いて使い回すことができる仕組みがあります。その「処理のまとま
り」のことを関数やメソッドと呼びます。
　制御フローテストではそれだけを知っておけば大丈夫です。

(2)　カバレッジ

　ホワイトボックステストの対象がわかりましたので、いよいよ「制御フロー
テストの設計」の話なのですが、制御フローテスト自体は、「ソースコードの
処理の流れを網羅するテスト」というのがざっくりとした意味です。そこで、
ここでは処理の流れを網羅する方法について説明します。
　代表的な網羅方法には、「ステートメントカバレッジ」、「デシジョンカバレ
ッジ」、「条件網羅」、「複合条件網羅」、「MC/DC(改良条件判定)」の5つがあ
ります。以下では、5つの網羅基準について、順番に説明していきます。

(a)　ステートメントカバレッジ

ステートメントカバレッジ(statement coverage)は命令網羅ともいい、ソー

スコード中の実行可能な行のうち、何行を実行したかで測ります。

$$ステートメントカバレッジの網羅率 = \frac{実行した行}{実行可能な行} \times 100$$

ここで、分母となる測定対象が「実行可能な行」であることに注意してください。空行やコメント行は含まないことが基本です。定義や「｜」だけの行も含みません。なお、テストは関数単位に実施します。

デバッガーで関数のソースコードを表示しながら 1 行ずつ進めるという方法（ワンラインデバッグ（one line debug）と呼ぶ人もいます）でもステートメントカバレッジは 100% となります。

■ステートメントカバレッジの例

目的：num という変数に格納された数値が偶数か奇数か判定する。

演算子：% は、割り算の余りを求める演算子

```
1   if( num % 2 == 0 )｛
2      printf("%d は偶数です ¥n", num);
3   ｝else｛
4      printf("%d は奇数です ¥n", num);
5   ｝
```

上記のソースコードのステートメントカバレッジを 100% にするためには、num が偶数と奇数（例えば、4 と 5）の 2 つのテストを実行しなければなりません。また、デシジョンカバレッジも num が偶数と奇数の 2 つのテストを実行します。つまり、**ブロック「｛……｝」の中が空っぽではない限り、ステートメントカバレッジとデシジョンカバレッジの実施内容は同じ**となります。

（b） デシジョンカバレッジ

デシジョンカバレッジ（decision coverage）は判定網羅ともいい、ソースコード中の判定の真偽によるフローの分岐をどれだけ網羅したかで測ります。

$$デシジョンカバレッジの網羅率＝\frac{判定の真・偽}{すべての判定の真・偽}×100$$

これは4.3.3(2)項で述べた判定の真と偽を網羅するということです。

　if ((a>3) & (b<4)) ｛xxx｝else｛yyy｝

なら((a>3) & (b<4))部分が真と偽になるテストケースをつくります。例えば、

　a＝10で、b＝1なら((a>3) & (b<4))は(真 and 真)なので真

　a＝10で、b＝5なら((a>3) & (b<4))は(真 and 偽)なので偽

ですので、「a＝10で、b＝1」と「a＝10で、b＝5」の2つのテストを行えば、デシジョンカバレッジは100％となります。

（c）　条件網羅

　条件網羅(condition coverage)今度は判定ではなく条件です。同じ例で見ていきましょう。

　if ((a>3) & (b<4)) ｛xxx｝else｛yyy｝

　このif文には「a>3」と「b<4」の2つの条件があります。それぞれの条件の真偽をテストするのが状態網羅です。

　例えば、

　a＝10で、b＝5なら「a>3」と「b<4」は、真と偽

　a＝2で、b＝1なら「a>3」と「b<4」は、偽と真

です。この2つのテストを行えば、「a>3」と「b<4」のそれぞれについて真と偽のテストが実行されますので、条件網羅は100％になります。

　このとき、デシジョンカバレッジは「偽」のフローしか通りませんので50％であることに注意してください。**条件網羅が100％であってもデシジョンカバレッジは100％とは限りません。**同様にステートメントカバレッジも100％とは限りません。実行されないブロックの中に実行可能な行があるかもしれないからです。

(d)　複合条件網羅

複合条件網羅(multiple condition coverage)とは、条件の組合せを網羅するという意味です。同じ例で見ていきましょう。

　　if ((a>3) & (b<4)) { xxx } else { yyy }

このときに、

　　a=10 で、b=1 なら「a>3」と「b<4」は、真と真

　　a=10 で、b=5 なら「a>3」と「b<4」は、真と偽

　　a=2 で、b=1 なら「a>3」と「b<4」は、偽と真

　　a=2 で、b=5 なら「a>3」と「b<4」は、偽と偽

です。この 4 つのテストを行えば、真と偽の組合せを網羅していますので、複合条件網羅は 100% になります。

　このケースでは条件が 2 つでしたので、$2^2＝4$ つのテストで済みました。しかし、条件が 3 つなら $2^3＝8$ つのテストとなります。つまり、1 つの判定の中に条件が 1 つ増えると倍々でテスト回数が増えます。したがって、複合条件網羅はテスト回数が多くなるため、あまり実用的ではありません。

(e)　MC/DC(改良条件判定)

　複合条件網羅は条件の組合せを網羅するため、テスト回数が倍々に増えるデメリットがありました。それを改良したものが、MC/DC(modified condition/decision coverage)です。MC/DC は、条件の組合せを考えるときに、その条件が判定結果に影響するかどうかを考慮することによりテスト回数を減らします。同じ例で確認します。

　　if ((a>3) & (b<4)) { xxx } else { yyy }

MC/DC では、このときに、

　　a=10 で、b=1 なら「a>3」と「b<4」は、真と真

　　a=10 で、b=5 なら「a>3」と「b<4」は、真と偽

　　a=2 で、b=1 なら「a>3」と「b<4」は、偽と真

の 3 つを行います。この 3 つのテストを行えば、MC/DC は 100% になります。

　1行目の条件の組合せは、真×真です。このときの判定は真ですが、&
（and）は両方とも真のときだけ真になりますから、1行目では、変数aの条件
で真になることと、変数bの条件で真になることが確認されています。次に、
2行目の条件の組合せは、真×偽です。このときの判定は偽ですが、&（and）
は片方が偽なら相手が真であっても偽になります。つまり、2行目では、変数
bの条件で偽になることが確認されています。最後に、3行目の条件の組合せ
は、偽×真です。同様の考え方で、3行目では、変数aの条件で偽になること
が確認されています。

　MC/DCでは条件が増えると倍々でテスト回数が増える複合条件網羅とは異
なり、条件の数＋1のテスト回数になります。したがって、すべての条件の真
偽が判定に正しい影響を与えていることを必要最小限で網羅的に確認できます。

- 3つの条件がANDでつながっている場合は、真×真×真、真×真×偽、
  真×偽×真、偽×真×真の4つです。考え方は条件が2つのときと同じ
  です。
- 3つの条件がORでつながっている場合は、偽×偽×偽、偽×偽×真、
  偽×真×偽、真×偽×偽です。ORなので判定が偽になるには、すべて
  の条件が偽でないとだめです。条件が一つでも真なら判定は真になりま
  す。
- ANDとORが混在する場合は、CEGTestツールなどで原因結果グラフ
  を書いてデシジョンテーブルをつくって、その条件組合せ（ルール）をす
  べてテストすればMC/DCカバレッジは100％となります。MC/DCが
  100％であれば、ステートメントカバレッジ、デシジョンカバレッジ、
  条件網羅は100％となります。

（f）　どのカバレッジ基準で何％を目標にすればよいか

　テストは状況次第ですので、テスト対象に求められる品質によって変わりま
すが、筆者のお勧めは、デシジョンカバレッジ100％です。なお、規格などで、
MC/DCまで網羅することが求められる場合もありますので、そのときには従

うしかありません。

　正直なところ、「制御フローテストのカバレッジを上げること」と「品質の向上」に正の相関があるかどうかわかりません。けれども、カバレッジを計測することで開発者が「たったこれしかテストしていないのか」と気がつくきっかけになるのは間違いありません。ですから、「デシジョンカバレッジ」について、80% が良いのか、100% が良いのかについての答えはどこにもないと思います。それよりも「テストしていない箇所が明らかになること」、「テストしていない箇所について、テストしないまま（リスクとして）リリースするのか、何とかテスト（もしくはコードレビューを）して欠陥があったらデバッグしてその箇所のリスクをゼロにしてからリリースするのか」について意思決定をすることが大切だと思います。

4.5　経験ベースのテスト技法

p.150

　経験ベースのテスト技法をテスト設計技法と呼んでよいのか、ちょっと疑問です。技法を Technique と捉えると、「（技法を）適用する目的」、「適用にあたっての前提条件」、「適用の手順」、「終了判定基準」が明確に定義されていて、その効果も定量化されているものを期待します。

　テキストには「エラー推測」、「探索的テスト」、「チェックリストベースドテスト」が挙げられているのですが、Technique かというと、ちょっと違うように思うのです。

　「経験ベースのテスト技法」でいう技法とは "Technique" というよりも、"Art" のほうではないかと思います。芸術は、基本的な手順はあれど、その手順をマスターしたら誰でも同じレベルのものを創作できるかというと、それはきっと無理なことです。少しレベルが落ちた似たものを創作するだけでも、工房などで、共同作業などを通じて言葉にならない知恵のようなもの（暗黙知）を伝授してもらう必要があります。Art とは、そういうものだと思います。

　以下で、テキストにある「エラー推測」、「探索的テスト」、「チェックリスト

ベースドテスト」について書きますが、上記の意味で本節を読んで理解したと
いっても、機械的にできるものではないことを先にお断りしたいと思います。

(1) エラー推測

テスト技法の多くは、仕様書などのテストベースをもとにして、ソフトウェ
アへの入力や入力する順番について、それらの粒度を決めたうえで、漏れなく
ダブリなく操作することで、テスト対象の振る舞いを網羅的にテストするため
に使われます。

ところが、エラー推測は、仕様書などのテストベースをもとにするところま
では同じですが、先にエラーを推測します。そして、推測したエラーを見つけ
るテストケースを作成します。ここでいうエラーとは欠陥や故障を含みます。

推測は、「テスト担当者の経験、欠陥や故障のデータ、ソフトウェアが不合
格となる理由に関する一般的な知識」にもとづいて行います。逆にいえば、**経
験と知識が貧弱であれば良い推測はできません**。エラー推測によるテストで**良
い結果を出すためには、深い経験と高度な知識が必要**ということです。これは、
他の「経験ベースのテスト技法」でも同様です。

どうすれば、深い経験と高度な知識が身につくかというと、一件一件のバグ
を大切にするしかないと筆者は思います。具体的には、テストしてバグを見つ
けて直ってきたら、**その原因について自分が納得するまで理解する**の繰り返し
です。

(2) 探索的テスト

探索的テストとは、要するに「テスト設計・実行・記録・評価を同時に行
う」ということです。このときに、テストの実行結果(実行時のテスト対象の
振る舞いも含む)をもとに、今テストしたところについて、もっと深くバグ探
しをするか、次の場所に移るかを決めながら、テストケースを書かずに、テス
トを進めます。

探索的テストは、テストベースに加えてテスト実行結果の情報を元にしたテ

ストを考えられるというメリットが魅力的です。単純に考えて、テストケースをつくる上での情報が増えている訳ですからより良いテストができます。

　探索的テストを実施する人は、「不具合の兆候を見逃さない監視能力」、「見つけた兆候から欠陥や故障を推測する予見能力」、「不具合が出たときの対処能力」、「探索的テストの過程からシステムの仕組みを理解する学習能力」が必要です。

　探索的テストは、アジャイル開発時などのテストケースを作成する時間をとれない場合に行われることが多くなりました。多くなったので、せめて効率良く網羅的に探索しようという工夫と、複数人で探索的テストを実施するならテストの結果情報（この辺が弱そうなソフトウェアだよといった情報など）を交換することで、より良い探索をしようといった工夫（タイムボックスで一定時間テストしたら情報を交換するなど）がなされています。

　一方、探索的テストはそれを実施するテスト技術者の成長の機会を一つ奪っていることに注意が必要です。それは、「自分のテスト設計に対するレビューを受ける機会」です。探索的テストが苦手な人はエキスパートと組んでペアテストを行うと良いでしょう。

(3) チェックリストベースドテスト

　どこをチェックするか、どのような基準で検証するかのチェックリストを事前につくっておいて、それを使ってテストする方法です。チェックリストは組織のノウハウを形式知化した資産となります。インストールのテストなど、ある程度共通な動きをして、見るべきポイントが決まっているものでないと、チェックリストの活用は難しいと思います。ただし、静的テストのレビューについては、チェックリストが基本となります。

参考文献

全　般

1)　特定非営利活動法人ソフトウェアテスト技術振興協会：「ASTER セミナー標準
テキスト」
　　https://www.aster.or.jp/business/seminar_text.html
2)　JSTQB FL シラバス(テスト技術者資格制度 Foundation Level シラバス)
　　https://jstqb.jp/dl/JSTQB-SyllabusFoundation_Version2018V31.J03.pdf
3)　JSTQB の用語集、https://glossary.istqb.org/jp/search/
4)　秋山浩一の note 記事、https://note.com/akiyama924/

第 1 章

5)　独立行政法人情報処理推進機構社会基盤センター：「情報システムの障害状況
2019 年後半データ」、2020 年
　　https://www.ipa.go.jp/files/000080333.pdf
6)　独立行政法人情報処理推進機構社会基盤センター(監修)：「ソフトウェア開発分
析データ集 2020」、2020 年
7)　JIS Z 8101：1981　品質管理用語
8)　飯泉紀子・鷲崎弘宜・誉田直美(監修)、SQuBOK 策定部会(編)：『ソフトウェ
ア品質知識体系ガイド(第 3 版)―SQuBOK® Guide V3―』、オーム社、2020 年
9)　Edsger W. Dijkstra: "Notes On Structured Programming," 1969.
　　https://www.cs.utexas.edu/users/EWD/ewd02xx/EWD249.PDF
10)　ボーリス・バイザー(著)、小野間彰・山浦恒央(訳)：『ソフトウェアテスト技
法』、日経 BP、1994 年
11)　独立行政法人情報処理推進機構ソフトウェア・エンジニアリング・センター：
『共通フレーム 2007 第 2 版』、オーム社、2007 年
12)　天野勝：『これだけ！　KPT』、すばる舎、2013 年
13)　ISO/IEC/IEEE 29119-3:2021, "Software and systems engineering ― Software
testing ― Part 3: Test documentation".

第 2 章

14)　ISO/IEC 25010:2011(JIS X 25010:2013)システム及びソフトウェア製品の品質

要求及び評価(SQuaRE)―システム及びソフトウェア品質モデル

15) ISO/IEC 9126-1:2001(JIS X 0129-3:2003)ソフトウェア製品の品質―第3部:
内部測定法

第3章

16) ISO/IEC 20246:2017(JIS X 20246:2021)ソフトウェア及びシステム技術―ソフ
トウェア及びシステム開発における作業生産物のレビューのプロセス

第4章

17) J. マイヤーズ、M. トーマス、T. バジェット、C. サンドラー(著)、長尾真(監
訳)、松尾正信(訳):『ソフトウェア・テスト技法第2版』、近代科学社、2006年
18) 椿広計:「Quality を目指す Virtue」、『品質』、Vol. 40、No. 2、p. 3、2010年
19) 西康晴:「テスト観点に基づくテスト開発方法論―VSTeP の概要」、WARAI
(関西テスト勉強会)スペシャル、2013年
　　https://qualab.jp/materials/VSTeP.130403.bw.pdf
20) 梅津正洋・竹内亜未・伊藤由貴・浦山さつき・佐々木千絵美・高橋理・武田春
恵・根本紀之・藤沢耕助・真鍋俊之・山岡悠・吉田直史:『ソフトウェアテスト技
法練習帳』、技術評論社、2020年
21) 松尾谷徹:「ソフトウェアテストの最新動向:7. テスト/デバッグ技法の効果と
効率」、『情報処理』、Vol. 49、No. 2、pp. 168-173、2008年
22) 田口玄一:『ロバスト設計のための機能性評価』、日本規格協会、2000年
23) 独立行政法人情報処理推進機構:「非機能要求グレード」
　　https://www.ipa.go.jp/sec/softwareengineering/std/ent03-b.html
24) 藤原啓一:「高信頼アーキテクチャ設計手法 ATAM の実践」、SPI Japan 2017、
2017年
　　http://www.jaspic.org/event/2017/SPIJapan/session1C/1C2_ID015.pdf
25) 鈴木三紀夫:「意地悪漢字」
　　http://www.jasst.jp/archives/jasst10s/pdf/S3-9.pdf
26) 樽本徹也:『UX リサーチの道具箱Ⅱ』、オーム社、2021年

索　引

著者紹介

秋山浩一（あきやま　こういち）博士（工学）

　1962 年生まれ。1985 年青山学院大学理工学部物理科卒業。同年富士ゼロックス㈱入社。現在、㈱日本ウィルテックソリューション　IT コンサルタント

　NPO 法人ソフトウェアテスト技術振興協会理事、日本ソフトウェアテスト技術者資格認定委員会（JSTQB）ステアリング委員

　品質工学会正会員、日本品質管理学会正会員、情報処理学会正会員

[主な著書]

『ソフトウェアテスト HAYST 法入門』（共著、日科技連出版社）、『ソフトウェアテスト技法ドリル』（日科技連出版社）、『事例とツールで学ぶ HAYST 法』（日科技連出版社）、『ソフトウェアテスト入門』（共著、技術評論社）、『基本から学ぶソフトウェアテスト』（共訳、日経 BP 出版）、『ソフトウェアテストの基礎』（共訳、センゲージラーニング）

ソフトウェアテスト講義ノオト
ASTER セミナー標準テキストを読み解く

2022年 9 月 28 日　第 1 刷発行

検印省略

著　者　秋 山 浩 一
発行人　戸 羽 節 文

発行所　株式会社 日科技連出版社
〒151-0051　東京都渋谷区千駄ヶ谷 5-15-5
DSビル
電話　出版 03-5379-1244
　　　営業 03-5379-1238

Printed in Japan

印刷・製本　㈱三秀舎

URL https://www.juse-p.co.jp/